国家出版基金项目
NATIONAL PUBLICATION FOUNDATION

"十三五"国家重点图书出版规划项目

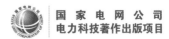

国家电网公司
电力科技著作出版项目

新能源并网与调度运行技术丛书

新能源资源评估
与中长期电量预测

冯双磊　胡　菊　宋宗朋　梁志峰　编著

中国电力出版社
CHINA ELECTRIC POWER PRESS

内容提要

当前以风力发电和光伏发电为代表的新能源发电技术发展迅猛，而新能源大规模发电并网对电力系统的规划、运行、控制等各方面带来巨大挑战。《新能源并网与调度运行技术丛书》共 9 个分册，涵盖了新能源资源评估与中长期电量预测、新能源电力系统生产模拟、分布式新能源发电规划与运行、风力发电功率预测、光伏发电功率预测、风力发电机组并网测试、新能源发电并网评价及认证、新能源发电调度运行管理、新能源发电建模及接入电网分析等技术，这些技术是实现新能源安全运行和高效消纳的关键技术。

本分册为《新能源资源评估与中长期电量预测》，共 7 章，分别为概述、新能源资源观测、新能源资源影响因素与时空分布特性、新能源资源模拟、新能源资源评估、新能源中长期电量预测、新能源资源数据平台。全书内容具有先进性、前瞻性和实用性，深入浅出，既有深入的理论分析和技术解剖，又有典型案例介绍和应用成效分析。

本丛书既可作为电力系统运行管理专业员工系统学习新能源并网与调度运行技术的专业书籍，也可作为高等院校相关专业师生的参考用书。

图书在版编目（CIP）数据

新能源资源评估与中长期电量预测/冯双磊等编著. —北京：中国电力出版社，2019.11
（2020.6 重印）
（新能源并网与调度运行技术丛书）
ISBN 978-7-5198-3983-3

Ⅰ. ①新⋯　Ⅱ. ①冯⋯　Ⅲ. ①新能源–发电–资源评估②新能源–发电–资源预测
Ⅳ. ①TM61

中国版本图书馆 CIP 数据核字（2019）第 244352 号

审图号：GS（2019）5874 号

出版发行：中国电力出版社
地　　址：北京市东城区北京站西街 19 号（邮政编码 100005）
网　　址：http://www.cepp.sgcc.com.cn
策划编辑：肖　兰　王春娟　周秋慧
责任编辑：王　南（010-63412876）　黄晓华
责任校对：黄　蓓　常燕昆
装帧设计：王英磊　赵姗姗
责任印制：石　雷

印　　刷：北京博海升彩色印刷有限公司
版　　次：2019 年 11 月第一版
印　　次：2020 年 6 月北京第二次印刷
开　　本：710 毫米×980 毫米　16 开本
印　　张：12.5
字　　数：222 千字
印　　数：1501—3000 册
定　　价：75.00 元

序 言 1

　　实现能源转型，建设清洁低碳、安全高效的现代能源体系是我国新一轮能源革命的核心目标，新能源的开发利用是其主要特征和任务。

　　2006 年 1 月 1 日，《中华人民共和国可再生能源法》实施。我国的风力发电和光伏发电开始进入快速发展轨道。与此同时，中国电力科学研究院决定设立新能源研究所（2016 年更名为新能源研究中心），主要从事新能源并网与运行控制研究工作。

　　十多年来，我国以风力发电和光伏发电为代表的新能源发电发展迅猛。由于风能、太阳能资源的波动性和间歇性，以及其发电设备的低抗扰性和弱支撑性，大规模新能源发电并网对电力系统的规划、运行、控制等各个方面带来巨大挑战，对电网的影响范围也从局部地区扩大至整个系统。新能源并网与调度运行技术作为解决新能源发展问题的关键技术，也是学术界和工业界的研究热点。

　　伴随着新能源的快速发展，中国电力科学研究院新能源研究中心聚焦新能源并网与调度运行技术，开展了新能源资源评价、发电功率预测、调度运行、并网测试、建模及分析、并网评价及认证等技术研究工作，攻克了诸多关键技术难题，取得了一系列具有自主知识产权的创新性成果，研发了新能源发电功率预测系统和新能源发电调度运行支持系统，建成了功能完善的风电、光伏试验与验证平台，建立了涵盖风力发电、光伏发电等新能源发电接入、调度运行等环节的技术标准体系，为新能源有效消纳和安全并网提供了有效的技术手段，并得到广泛应用，为支撑我国新能源行业发展发挥了重要作用。

"十年磨一剑。"为推动新能源发展，总结和传播新能源并网与调度运行技术成果，中国电力科学研究院新能源研究中心组织编写了《新能源并网与调度运行技术丛书》。这套丛书共分为 9 册，全面翔实地介绍了以风力发电、光伏发电为代表的新能源并网与调度运行领域的相关理论、技术和应用，丛书注重科学性、体现时代性、突出实用性，对新能源领域的研究、开发和工程实践等都具有重要的借鉴作用。

展望未来，我国新能源开发前景广阔，潜力巨大。同时，在促进新能源发展过程中，仍需要各方面共同努力。这里，我怀着愉悦的心情向大家推荐《新能源并网与调度运行技术丛书》，并相信本套丛书将为科研人员、工程技术人员和高校师生提供有益的帮助。

中国科学院院士
中国电力科学研究院名誉院长
2018 年 12 月 10 日

序 言 2

近期得知，中国电力科学研究院新能源研究中心组织编写《新能源并网与调度运行技术丛书》，甚为欣喜，我认为这是一件非常有意义的事情。

记得 2006 年中国电力科学研究院成立了新能源研究所（即现在的新能源研究中心），十余年间新能源研究中心已从最初只有几个人的小团队成长为科研攻关力量雄厚的大团队，目前拥有一个国家重点实验室和两个国家能源研发（实验）中心。十余年来，新能源研究中心艰苦积淀，厚积薄发，在研究中创新，在实践中超越，圆满完成多项国家级科研项目及国家电网有限公司科技项目，参与制定并修订了一批风电场和光伏电站相关国家和行业技术标准，其研究成果更是获得 2013、2016 年度国家科学技术进步奖二等奖。由其来编写这样一套丛书，我认为责无旁贷。

进入 21 世纪以来，加快发展清洁能源已成为世界各国推动能源转型发展、应对全球气候变化的普遍共识和一致行动。对于电力行业而言，切中了狄更斯的名言"这是最好的时代，也是最坏的时代"。一方面，中国大力实施节能减排战略，推动能源转型，新能源发电装机迅猛发展，目前已成为世界上新能源发电装机容量最大的国家，给电力行业的发展创造了无限生机。另一方面，伴随而来的是，大规模新能源并网给现代电力系统带来诸多新生问题，如大规模新能源远距离输送问题，大量风电、光伏发电限电问题及新能源并网的稳定性问题等。这就要求政策和技术双管齐下，既要鼓励建立辅助服务市场和合理的市场交易机制，使新能源成为市场的"抢手货"，又要增强新能源自身性能，提升新能源的调度运行控制技术水平。如何在保障电网安全稳定运行的前提下，最大化消纳新能源发电，是电力系统迫切需要解决的问题。

这套丛书涵盖了风力发电、光伏发电的功率预测、并网分析、检测认证、优化调度等多个技术方向。这些技术是实现高比例新能源安全运行和高效消纳的关键技术。丛书反映了我国近年来新能源并网与调度运行领域具有自主知识产权的一系列重大创新成果，是新能源研究中心十余年科研攻关与实践的结晶，代表了国内外新能源并网与调度运行方面的先进技术水平，对消纳新能源发电、传播新能源并网理念都具有深远意义，具有很高的学术价值和工程应用参考价值。

这套丛书具有鲜明的学术创新性，内容丰富，实用性强，除了对基本理论进行介绍外，特别对近年来我国在工程应用研究方面取得的重大突破及新技术应用中的关键技术问题进行了详细的论述，可供新能源工程技术、研发、管理及运行人员使用，也可供高等院校电力专业师生使用，是新能源技术领域的经典著作。

鉴于此，我特向读者推荐《新能源并网与调度运行技术丛书》。

黄其励

中国工程院院士

国家电网有限公司顾问

2018 年 11 月 26 日

　　进入 21 世纪，世界能源需求总量出现了强劲增长势头，由此引发了能源和环保两个事关未来发展的全球性热点问题，以风能、太阳能等新能源大规模开发利用为特征的能源变革在世界范围内蓬勃开展，清洁低碳、安全高效已成为世界能源发展的主流方向。

　　我国新能源资源十分丰富，大力发展新能源是我国保障能源安全、实现节能减排的必由之路。近年来，以风力发电和光伏发电为代表的新能源发展迅速，截至 2017 年底，我国风力发电、光伏发电装机容量约占电源总容量的 17%，已经成为仅次于火力发电、水力发电的第三大电源。

　　作为国内最早专门从事新能源发电研究与咨询工作的机构之一，中国电力科学研究院新能源研究中心拥有新能源与储能运行控制国家重点实验室、国家能源大型风电并网系统研发（实验）中心和国家能源太阳能发电研究（实验）中心等研究平台，是国际电工委员会 IEC RE 认可实验室、IEC SC/8A 秘书处挂靠单位、世界风能检测组织 MEASNET 成员单位。新能源研究中心成立十多年来，承担并完成了一大批国家级科研项目及国家电网有限公司科技项目，积累了许多原创性成果和工程技术实践经验。这些成果和经验值得凝练和分享。基于此，新能源研究中心组织编写了《新能源并网与调度运行技术丛书》，旨在梳理近十余年来新能源发展过程中的新技术、新方法及其工程应用，充分展示我国新能源领域的研究成果。

　　这套丛书全面详实地介绍了以风力发电、光伏发电为代表的新能源并网及调度运行领域的相关理论和技术，内容涵盖新能源资源评估与功率预测、建模与仿真、试验检测、调度运行、并网特性认证、随机生产模拟及分布式发电规划与运行等内容。

根之茂者其实遂，膏之沃者其光晔。经过十多年沉淀积累而编写的《新能源并网与调度运行技术丛书》，内容新颖实用，既有理论依据，也包含大量翔实的研究数据和具体应用案例，是国内首套全面、系统地介绍新能源并网与调度运行技术的系列丛书。

我相信这套丛书将为从事新能源工程技术研发、运行管理、设计以及教学人员提供有价值的参考。

中国工程院院士
中国电力科学研究院院长
2018 年 12 月 7 日

前　言

　　风力发电、光伏发电等新能源是我国重要的战略性新兴产业，大力发展新能源是保障我国能源安全和应对气候变化的重要举措。自 2006 年《中华人民共和国可再生能源法》实施以来，我国新能源发展十分迅猛。截至 2018 年底，风电累计并网容量 1.84 亿 kW，光伏发电累计并网容量 1.72 亿 kW，均居世界第一。我国已成为全球新能源并网规模最大、发展速度最快的国家。

　　中国电力科学研究院新能源研究中心成立至今十余载，牵头完成了国家 973 计划课题《远距离大规模风电的故障穿越及电力系统故障保护》（2012CB21505），国家 863 计划课题《大型光伏电站并网关键技术研究》（2011AA05A301）、《海上风电场送电系统与并网关键技术研究及应用》（2013AA050601），国家科技支撑计划课题《风电场接入电力系统的稳定性技术研究》（2008BAA14B02）、《风电场输出功率预测系统的开发及示范应用》（2008BAA14B03）、《风电、光伏发电并网检测技术及装置开发》（2011BAA07B04）和《联合发电系统功率预测技术开发与应用》（2011BAA07B06），以及多项国家电网有限公司科技项目。在此基础上，形成了一系列具有自主知识产权的新能源并网与调度运行核心技术与产品，并得到广泛应用，经济效益和社会效益显著，相关研究成果分别获 2013 年度和 2016 年度国家科学技术进步奖二等奖、2016 年中国标准创新贡献奖一等奖。这些项目科研成果示范带动能力强，促进了我国新能源并网安全运行与高效消纳，支撑中国电力科学研究院获批新能源与储能运行控制国家重点实验室，新能源发电调度运行技术团队入选国家"创新人才推进计划"重点领域创新团队。

为总结新能源并网与调度运行技术研究与应用成果，分析我国新能源发电及并网技术发展趋势，中国电力科学研究院新能源研究中心组织编写了《新能源并网与调度运行技术丛书》，以期在全国首次全面、系统地介绍新能源并网与调度运行技术，为新能源相关专业领域研究与应用提供指导和借鉴。

本丛书在编写原则上，突出以新能源并网与调度运行诸环节关键技术为核心；在内容定位上，突出技术先进性、前瞻性和实用性，并涵盖了新能源并网与调度运行相关技术领域的新理论、新知识、新方法、新技术；在写作方式上，做到深入浅出，既有深入的理论分析和技术解剖，又有典型案例介绍和应用成效分析。

本丛书共分 9 个分册，包括《新能源资源评估与中长期电量预测》《新能源电力系统生产模拟》《分布式新能源发电规划与运行技术》《风力发电功率预测技术及应用》《光伏发电功率预测技术及应用》《风力发电机组并网测试技术》《新能源发电并网评价及认证》《新能源发电调度运行管理技术》《新能源发电建模及接入电网分析》。本丛书既可作为电力系统运行管理专业员工系统学习新能源并网与调度运行技术的专业书籍，也可作为高等院校相关专业师生的参考用书。

本分册是《新能源资源评估与中长期电量预测》。第 1 章介绍了新能源资源评估的意义以及研究进展。第 2、3 章介绍了新能源资源观测的原理、方法，并分析了新能源资源的特点。第 4 章介绍了用于新能源资源评估的各类数值模式，并通过实例介绍了资源模拟的关键步骤。第 5 章介绍了新能源资源评估流程，梳理了评估过程中涉及的指标和算法。第 6 章介绍了中长期电量预测方法，并进行了实例分析。第 7 章介绍了资源评估平台的架构和主要功能模块。本分册的研究内容得到了国家重点研发计划项目《促进可再生能源消纳的风电/光伏发电功率预测技术及应用》（项目编号：2018YFB0904200）的资助。

本分册由冯双磊、胡菊、宋宗朋、梁志峰编著，其中，第 1 章、第 6 章由冯双磊编写，第 2 章、第 3 章由宋宗朋编写，第 4 章、第 5 章由胡菊编写，第 7 章由梁志峰编写。全书编写过程中得到了王勃、王铮、王姝的大力协助；王伟胜对全书进行了审阅，并提出了修改意见和完善建议。本丛书还得到了中国科学院院士、中国电力科学研究院名誉院长周孝信，中国工程院院士、国家电网有限公司顾问黄其励，中国工程院院士、中国电力科学研究院院长郭剑波的关心和支持，并欣然为丛书作序，在此一并深表谢意。

《新能源并网与调度运行技术丛书》凝聚了科研团队对新能源发展十多年研究的智慧结晶，是一个继承、开拓、创新的学术出版工程，也是一项响应国家战略、传承科研成果、服务电力行业的文化传播工程，希望其能为从事新能源领域的科研人员、技术人员和管理人员带来思考和启迪。

科研探索永无止境，新能源利用大有可为。对书中的疏漏之处，恳请各位专家和读者不吝赐教。

作　者

2019 年 9 月

目　录

第 1 章

概　　述

　　能源是经济与社会可持续发展的基础，是人类生产与生活不可缺少的动力保障。在我国的能源消耗与需求长期高速增长的情况下，以化石能源为主导的传统能源结构带来了较为严重的环境问题。现今，一轮以风能、太阳能等新能源大规模开发利用为特征的能源变革正在世界范围内蓬勃兴起。我国新能源资源非常丰富且分布广泛。大力发展新能源，对我国能源可持续发展具有重要的意义。

　　通过资源评估探明风能、太阳能等新能源的资源储量、空间分布、可开发量及资源品质是新能源开发利用的首要任务。科学的资源评估对于提升新能源利用率，指导新能源规划、设计、建设及并网运行具有非常重要的意义。

　　随着新能源装机占比不断提高，仅在日前、日内、实时等运行层面挖掘新能源消纳空间已不能满足需求。只有通过新能源中长期电量预测，在年、月等更长时间尺度上提升新能源消纳能力，才是支撑新能源持续健康发展的关键。

1.1　基　本　概　念

1.1.1　新能源资源评估

　　通常所说的新能源资源评估，是指新能源场站建设初期，利用过去长期气象数据，对新能源资源的平均状态和年发电量进行评估；广义的新能源资源评估，包含了新能源资源的储量、可开发量、不同时空尺度的分布特征、可开发难易程度，以及在特定机型、装机容量和场站布局条件下的输出电力和电量等方面的评估。新能源资源评估结果是指导新能源开发的主要依据之一，贯穿新能源从开发到并网运行的整个过程。

新能源资源评估主要包括区域资源评估和场站资源评估。区域资源评估主要实现三方面目的：① 在新能源开发之前，通过评估区域内资源的总储量、分布特征、技术可开发面积、技术可开发量、经济可开发量等指标，整体掌握区域内资源概况。② 依据区域内资源分布情况，可形成新能源开发的总体规划。在规划过程中，可依据历史资源数据，在粗略评估场站理论输出电力和电量的基础上，通过综合考虑当地或电力受端的负荷特性等情况，并利用区域间资源的互补特性，合理地规划区域内、区域间新能源场站的装机容量和布局，从而提升新能源消纳水平，实现新能源开发的最佳经济效益。③ 依据新能源开发总体规划结果，综合考虑资源丰富程度、开发条件、经济条件、电网分布等因素，最终确定新能源场站的建设位置，即新能源场站的宏观选址。

场站资源评估，即详细分析拟建风电场、光伏电站等新能源场站内的资源分布情况。依据新能源资源特征，选择适合的风电机组或光伏组件，并对风电机组或光伏组件的安装位置进行布局，实现场站发电量和经济效益最大化。

1.1.2　新能源中长期电量预测

《中国可再生能源展望 2018（CREO 2018）》预测，至 2020 年，我国化石能源消费将达到峰值，至 2050 年，风能和太阳能在总发电量中的占比将超过 70%。随着新能源在我国能源结构中占比的不断增长，以及未来气候变化背景下新能源资源特性的不确定性变化，新能源将对电力系统供电充裕度、供需实时平衡等产生更加显著的影响。仅通过日前、日内的功率预测，在运行层面挖掘消纳空间已不能满足新能源发展的要求。逐月滚动预测新能源未来 12 个月的总输出电量及逐月月电量，在年、月电量平衡层面预留新能源消纳空间，是满足更大规模新能源并网运行的重要技术手段。不同于新能源资源评估中对新能源场站代表年（多年平均）输出电量的预测，逐月滚动预测输出电量的新能源中长期电量预测具有重要意义。

（1）中长期电量预测协助制订常规调节电源调配计划，构建电源的中长期电量平衡体系，在宏观层面确保电力系统供电充裕度。

（2）依据中长期电量预测结果，在新能源消纳最大的目标下，可给出最优的电力设备年度、月度检修计划，从而在保障电力系统安全的前提下实现新能源的高效利用。

（3）根据中长期电量预测结果，可测算出不同边界条件下新能源的消纳情况，获得新能源消纳的最优边界条件，并在中长期发电计划中体现，从而在宏观层面实现促进新能源消纳的目标。

1.2 新能源资源评估研究现状

1.2.1 区域资源评估

根据基础数据来源的不同，区域资源评估分为基于观测数据的资源评估与基于模拟数据的资源评估。

1.2.1.1 基于观测数据的资源评估

在新能源发展的早期，由于没有专门建立风电场或光伏电站的资源监测设备，因此需要利用气象部门的地面气象站、探空气象站和船舶等观测数据，采用历史观测数据内插或外推得到新能源场站区域的资源情况。

美国斯坦福大学根据全球 1998～2004 年 7753 个地面气象站和 446 个探空气象站的观测数据，采用最小二乘法得到每个气象站的垂直风廓线，然后通过插值法得到全球 80m 高度上风能资源的分布。

丹麦瑞索（Risø）实验室根据气象站数据对欧洲西部进行了风能资源评估。丹麦瑞索实验室收集了欧洲 12 个国家 220 个气象站的观测数据，观测年份为 1961～1988 年，最长的观测时达 19 年，最短的观测时长为 1 年，大多数观测数据的观测时长接近 10 年。首先基于建筑物的影响模型对气象站数据进行订正，再依据山区、平原、沿海、离岸 10km 的海域和 5 种缓坡地形及地表粗糙度拟合垂直风廓线，并推算出 50m 高度威布尔分布参数，最后绘制了 50m 高度的风功率密度分布图。

随着新能源监测技术的不断发展，新能源场站专业测风塔的监测数据

也不断积累，并应用到资源评估中。1987 年，印度能源咨询有限公司利用
2 年多的测风塔数据对印度 50m 高度的风能资源进行评估，并绘制了印度
10 个邦的风能资源分布图。随着海上风能资源的开发，对于海上观测数据
的需求也在增长，但海上测风资料非常稀少。2004～2006 年，丹麦瑞索实
验室开展 SAT－WIND 计划，验证卫星反演资料应用于海上风能资源评估
的可行性，之后卫星反演数据开始用于海上及陆上的区域风能资源评估。

在太阳能资源评估方面，基于卫星遥感的太阳能资源评估数据得到广
泛应用，如欧洲的太阳能资源数据库 Solargis 等。Solargis 利用卫星遥感数
据、地理信息系统（geographic information system，GIS）技术和先进的反
演算法得到高分辨率太阳能资源及温度、湿度和气压等要素数据库，范围
覆盖全球中低纬度地区（60°S～60°N），空间分辨率最高可达 250m。

1.2.1.2 基于模拟数据的资源评估

基于模拟数据的资源评估是利用大气数值模式对过去大气运动过程进
行模拟，得到更大空间范围、更长时间长度网格化的历史气象模拟数据，
然后利用该模拟数据进行资源评估。

美国风能资源评估公司 Ture Wind Solutions 开发的 MesoMap 系统，利
用中尺度大气数值模式对风场进行模拟，水平分辨率可达 1～3km，能有
效模拟地形波、峡谷效应、对流风、海湖风及下坡风等局部地区风场，再
利用小尺度模式系统 WindMap 进一步对边界层的风场进行降尺度，得到水
平分辨率为 100～1000m 的风场数据，然后进行风能资源的分析与评估。

美国国家可再生能源实验室（National Renewable Energy Laboratory，
NREL）用于风能和太阳能资源评估的数据源较为丰富。其评估工具也包
含不同的模型，分别通过丹麦科技大学、世界银行等机构支持的各类项目，
在不同的边界条件上进行开发，可以给出任意点的风能、太阳能资源量，
以及估算发电量等评估内容。此外，NREL 还有以评估屋顶光伏发电量为
主的 PVWatts 等小工具。

中国气象局综合吸取国外数值模拟技术的优点，并结合我国的天气、
气候特点，建立了中国的风能资源数值模拟评估系统（wind energy resource
assessment system-China meteorological administration，WERAS－CMA）。

WERAS-CMA 利用全国 2000 多个气象站、近 30 年气象观测数据进行天气类型划分，统计不同天气类型在一年中的平均时间占比，然后对不同天气类型分别进行代表日模拟并统计风能资源情况，再按照时间占比拼接成代表年的资源分布。借助该系统，2008～2012 年，中国气象局完成了全国风能资源详查，绘制了最新的风能资源分布图，并基于高精度的 GIS，完成全国和各省风能的总储量和技术可开发量评估。

海上资源评估与陆地上资源评估略有差异，它基于观测数据的风能资源评估依赖于浮标、船舶及已建海上风电场的测风塔等，但数据长度和连续性等方面较陆上差。高分辨率卫星反演数据空间连续性较好，近几年开始作为海上风能资源评估的重要数据源。基于大气数值模式的资源评估仍是海上资源评估的主要方法，与陆上的大气数值模式相比，用于海上风能资源模拟的大气数值模式需考虑海气能量交换过程和海浪对风能资源的影响，应基于大气数值模式耦合海洋模式和波浪模式。

1.2.2　场站资源评估

风电场资源评估过程：首先用邻近气象站通过长期相关分析（measure correlate predict，MCP）方法计算得到场站测风塔处的长期风能资源数据（详细内容见第 5 章），然后再进行风速、风向、湍流等风能资源特性的评估，最后对场区内的风能资源分布进行模拟，通过以上评估指标完成设备选型、设备微观选址和年发电量计算等场站的设计环节。由于气象站通常位于城市周边，离新能源场站较远，因此代表性较差；另外，由于城市的快速发展，使得数据的连续性也较差，基于上述两点原因，常利用数值模拟数据作为场站资源特性评估的依据。

风电场资源评估一般借助比较成熟的商业软件，如丹麦瑞索实验室开发的 WAsP（wind atlas analysis and application program），挪威公司 WindSim 开发的 WindSim，丹麦公司 Engeri-og Miljφ data 开发的 WindPRO、美国公司 True Wind Solutions 开发的 Site Wind 和法国美迪顺峰公司开发的 Meteodyn WT 等常用的商业软件。

风能资源评估软件按照微尺度风场计算原理上的不同，可以分为诊断模式和计算流体力学（computational fluid dynamics，CFD）模式，一般要接入中尺度（几百千米范围，十千米量级水平分辨率）的模拟结果进行降尺度（到几十千米范围，几十米量级水平分辨率）。如 WAsP 的核心算法是线性诊断模式，利用地转风和单点的测风数据推算整个场区的风能资源分布。由于地转风的条件要求比较严格，因此 WAsP 的使用范围较小，一般不超过 100km²，而且地形不能太复杂，坡度小于 0.03。新版本的 WAsP 也加入了计算流体力学模式，用户可调用安装于 WAsP 计算机集群上的通用计算流体力学模块对风电场的资源进行精细化模拟。WindSim 和 Meteodyn WT 等使用的是计算流体力学模式。

由于太阳能资源局部地区差异较小，因此太阳能发电站内太阳能资源变化很小。太阳能评估软件主要是利用辐照度数据计算太阳能电池板的最佳倾角，以及在最佳倾角下的发电量。太阳能资源评估和光伏电站设计软件 Meteonorm 与 PVsyst 可利用不同的太阳辐射数据源，计算出特定经纬度的太阳能电池板的最佳倾角和不同倾角的年发电量。Meteonorm 的太阳辐射数据有多种选项，一类是全球 1300 多个气象站的太阳辐射观测数据，另一类是 0.125°×0.125° 的卫星反演数据。PVsyst 可获取 Meteonorm 的数据源，同时增加了美国国家航空航天局（National Aeronautics and Space Administration，NASA）1°×1° 的历史再分析资料❶，由此用户可以根据多种数据源进行综合分析。

1.3 新能源中长期电量预测研究进展

国外在电力市场的导向下，主要关注新能源中长期电量对电力价格的影响趋势，因此主要考虑电量的中长期变化趋势和相对变化率，对电量的定量预测需求较低，一般通过结合气候预测结果及电量预测模型进行简单估算获得。

我国主要采用两种技术路线开展中长期电量预测。一种是基于气候预测结果的中长期电量预测。该方法以气候预测模式提供的风速、辐照度等

---

❶ 再分析资料是利用数值天气预报模式对气象观测数据进行两次分析同化，得到的网格化气象模拟数据。

关键气象要素的中长期预测结果作为输入，采用遗传算法、人工神经网络、粒子群优化等方法，将关键气象要素的预测结果转化为新能源输出电量。由于预测时间较长，预测结果在具体时刻下的误差较大，但中长期变化趋势预测效果较好。另一种是基于时间序列推导的中长期电量预测方法，该方法利用新能源资源的季节性变化规律，通过历史多年的气象模拟数据把握波动规律，然后以多年同月的气象参量为输入，采用时间序列方法推导出气象资源参量，并通过资源—电量转化模型获得未来的电量预测结果。目前正在探索的新技术则将两种技术路线相结合。

第 2 章

新能源资源观测

风能、太阳能等新能源资源观测信息是资源评估的基础。新能源场站选址前期，为了解局部地区的资源特性及其丰富程度，安装资源观测仪器并进行长期的观测是必要的步骤。在新能源场站发电运行阶段，也需要实时的资源观测信息支撑场站的并网运行和管理工作。此外，将场站的资源观测数据融入大气数值模式，有助于提升区域资源模拟和评估的准确度。因此，掌握新能源资源观测技术，包括测量原理、设备选址安装、数据质量控制等，有助于资源观测仪器的正确安装和新能源资源的精确测量，提升数据观测质量和可用性水平，为资源模拟及检验、资源评估和场站运行管理等提供更为可靠的基础观测信息。

2.1 风 能 资 源 观 测

风电机组从大气气流中捕获风能。大气气流中可获取的风能可以用风功率密度 P 表征，它是与风向垂直的单位面积中风所具有的功率，其与风速的三次方成正比，定义为

$$P = \frac{1}{2}\rho v^3 \qquad (2-1)$$

式中　P——风功率密度，W/m²；

　　　ρ——空气密度，kg/m³；

　　　v——水平风速，m/s。

一般来说，空气密度在月内时间尺度的变化不大，风功率密度的变化

即是风速变化的直接结果,因此对风能资源观测最重要的是对风速的观测。此外,由于地形、粗糙度在不同方向上的分布存在差异,因此还需要进行风向的观测。

风能资源观测仪器主要为旋转式测风仪、超声波测风仪及测风雷达,其中测风雷达一般可分为甚高频、超高频、L 波段、激光和声雷达五种类型。旋转式测风仪和超声波测风仪一般安装在测风塔上,测风雷达则一般放置于地面。

依据《风电场风能资源测量方法》(GB/T 18709—2002)对风能资源观测仪器的要求,风速测量范围应在 0～60m/s,风速误差范围为±0.5m/s(3～30m/s),风向测量范围应在 0°～360°,风向精确度为±2.5°,该要求适用于旋转式测风仪和超声波测风仪等安装在测风塔上的定点测风仪器。目前对测风雷达的风资源观测量程和精度等方面的要求,暂无参考标准,可参考旋转式测风仪和超声波测风仪的相关要求。

下面分别介绍各类测量仪器的观测原理和观测方法。

2.1.1　旋转式测风仪

旋转式测风仪一般安装在测风塔上,属于机械式风速风向计,借助机械惯性来测量风的变化。下面以典型的风杯式风速计和风向标为例,介绍其观测原理。典型的风杯式风速计和风向标如图 2-1 所示。

(1)风杯式风速计。风杯式风速计一般由 3 个半球或抛物形风杯互成 120°固定在支架上,空杯的凹面都顺向一个方向。整个感应部分安装在一根垂直旋转轴上,在稳定风力的作用下,风杯绕轴以正比于风速的转速旋转。当风杯开始转动后,3 个风杯的风压差不断减小,经过一段时间后(风速不变时),当作用在三个风杯上的分压差为零时,风杯就变作匀速转动。然后根据风杯的转速(每秒钟转的圈数)与风速的经验关系可以确定风速的大小。

风杯转速可以用电触点、测速发电机、齿轮或光电计数器等记录。风杯达到匀速转动的时间相对于风速的变化具有一定的滞后性,这种滞后性

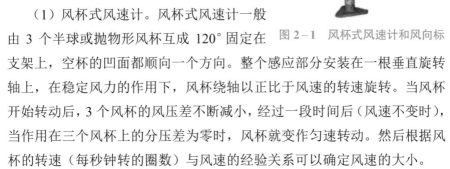

图 2-1　风杯式风速计和风向标

風杯

風向标

消除了许多风速脉动现象，因此风杯风速计测平均风速的准确度较好，而瞬时风速的准确度较差。

（2）风向标。风向标是一种应用最广泛的测量风向仪器部件，由水平指向杆、尾翼、平衡重锤和旋转轴等组成。在风的作用下，尾翼产生旋转力矩使风向标转动，并不断调整指向杆指示风向。

当风的来向与风向标成某一交角时，风对风向标产生压力，这个力可以分解成平行和垂直于风向标的两个风力。由于风向标头部受风面积比较小，尾翼受风面积比较大，因而感受的风压不相等，垂直于尾翼的风压产生风压力矩，使风向标绕垂直轴旋转，直至风向标头部正好对风的来向时，由于翼板两边受力平衡，风向标就稳定在某一方位。

不同风向标的记录方式和精度不同，触电式风向标分辨率仅能精确到一个方位（22.5°），自整角机和光电码盘式风向标可以测得 10° 甚至更高分辨率的风向。一般台站记录风向时各风向对应的角度如表 2-1 所示。其中静风时，风速记 0.0，风向记为 C。

表 2-1　　　　　　　一般台站记录风向时各风向对应的角度

方位	符号	中心角度（°）	角度范围（°）
北	N	0	348.76～11.25
北东北	NNE	22.5	11.26～33.75
东北	NE	45	33.76～56.25
东东北	ENE	67.5	56.26～78.75
东	E	90	78.76～101.25
东东南	ESE	112.5	101.26～123.75
东南	SE	135	123.76～146.25
南东南	SSE	157.5	146.26～168.75
南	S	180	168.76～191.25
南西南	SSW	202.5	191.26～213.75
西南	SW	225	213.76～236.25
西西南	WSW	247.5	236.26～258.75

方位	符号	中心角度（°）	角度范围（°）
西	W	270	258.76～281.25
西西北	WNW	295.5	281.26～303.75
西北	NW	315	303.76～326.25
北西北	NNW	337.5	326.26～348.75
静风	C	风速小于或等于 0.2m/s	

旋转式测风仪具有结构简单、价格低、安装便利、不易受雨雪天气影响的优点，但只能进行测风塔处固定层高测量，易产生机械磨损而影响观测质量，并且在极寒天气下可能因结冰而导致无法测量。

2.1.2　超声波测风仪

超声波测风仪一般安装在测风塔上，其工作原理是利用超声波时差来实现风速的测量。声音在空气中的传播速度会和风向上的气流速度叠加，若超声波的传播方向与风向相同，它的传播速度会加快；反之，若超声波的传播方向与风向相反，它的传播速度会变慢。因此，在固定的检测条件下，超声波在空气中传播的速度可以与风速函数对应，然后通过计算可得精确的风速和风向。

超声波测风仪主要包括超声波发射探头和接收探头。一般情况下发射探头和接收探头共用，这样可以简化整个探头架的结构，减小对流场的干扰。超声波测风仪存在阴影效应，由于绕流的作用，迎风面的探头在其背后会产生一定的尾流区域，这种现象将导致声波传播路径偏长，而使计算风速值偏低，这种效应称为阴影效应。阴影效应的大小取决于探头的外形及风矢量与超声探头轴线之间的夹角。当夹角为 90°时，阴影效应为零。研究表明，阴影效应影响的程度还与风速大小有关，风速在 5m/s 以下，阴影效应明显。典型的超声波测风仪如图 2 - 2 所示。

同旋转式测风仪一样，超声波测风仪一般安装在测风塔上固定层高测量，具有价格低、安装便利的优点，且不易产生机械磨损，可通过探头加

图 2-2 典型的超声波测风仪

热技术避免极寒天气影响,但易受雨、雪、霜、雾、沙尘等天气影响而增大测量误差。

2.1.3 测风雷达

测风雷达主要基于多普勒效应进行测量。通过向高空不同方向发射特定波段的电磁波(包括激光)或声波,以大气湍流或大气颗粒物等为示踪物,接收回波信号,并通过测量各层的多普勒频移来确定目标气团的径向移动速度,由此得到多层高的风场信息。由于多普勒频移相对于发射频率较小,实现准确的测量较难,因此现在的测风雷达通常都不直接测量多普勒频移,而是通过测量相继返回的脉冲对间的位相差来确定径向风速,这种脉冲位相的变化可以较容易地实现准确测量。测风雷达垂直探测示意图如图 2-3 所示。

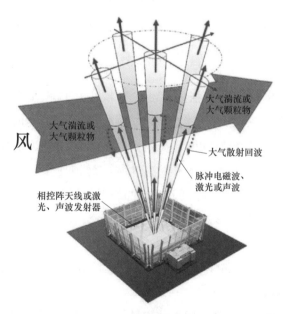

图 2-3 测风雷达垂直探测示意图

　　测风雷达按照探测介质和电磁波段的差别可以分甚高频、超高频、L波段、激光和声雷达五种，如图2-4所示。甚高频雷达适用于平流层及以上高度的观测，超高频雷达适用于对流层的观测，L波段、激光和声雷达适用于边界层的观测。平流层和对流层探测高度在0.6～30km，一般用于风电场局部地区气候和天气研究中。风电场实际应用中所需的探测高度一般在100m以下，因此L波段、激光和声雷达较为适用。甚高频、超高频、L波段和声雷达的探测示踪物是大气湍流，激光雷达的探测示踪物则是大气中的颗粒物（如气溶胶等）。测风雷达能够提供多层高度水平风场、垂直风速、湍流度、大气稳定度等多种产品数据。

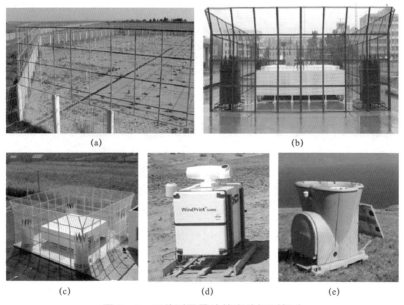

图2-4　五种测风雷达的室外探测部分
（a）甚高频；（b）超高频；（c）L波段；（d）激光；（e）声雷达

　　然而，测风雷达易受杂波和天气状况如晴雨天气、温度和气压变化、大气颗粒物多少、湍流度大小等情况的影响。

　　旋转式测风仪、超声波测风仪及测风雷达的特点有所不同，需根据用户需求和风电场局部地区气象特点进行选择。此外，仪器长期运行难免老化，出现故障和测量偏差，应进行定期检测和标定。常用风能资源观测仪器特点见表2-2。

表 2-2　　　　　　　　　　常用风能资源观测仪器特点

仪器类型		探测原理	安装位置/探测距离	优缺点
旋转式测风仪		利用固定在转轴上的感应仪器进行机械式测量	安装在测风塔的固定位置上（如高度10、30、50、70m等），进行定点测量	价格低，不易受天气影响，但只能进行定点测量，易产生机械磨损，极寒天气下可能结冰无法测量
超声波测风仪		利用超声波随气流速度的变化进行测量	安装在测风塔的固定位置上（如高度10、30、50、70m等），进行定点测量	价格低，不易产生机械磨损，但只能进行定点测量，易受雨雪天气影响而增大测量误差
测风雷达	甚高频	发射电磁波，以大气湍流为示踪物，利用多普勒效应测量	高度范围3～30km	探测距离远，应用广泛，但易受杂波和天气状况影响，低空探测易受复杂地形影响，其中甚高频和超高频一般用于风电场局部地区气候和天气研究中
	超高频		高度范围0.6～16km	
	L波段		高度范围0.05～3km	
	激光	发射激光，以空气中的气溶胶等颗粒物作为示踪物，利用多普勒效应测量	高度范围50～1500m	抗干扰能力强，近地面观测精度高，但在大气颗粒物较少的情况下测量距离变短
	声波	发射声波，以大气湍流为示踪物，利用多普勒效应测量	高度范围50～300m	结构简单，价格较低，但探测距离较近，易受天气状况和复杂地形影响

2.2　太阳能资源观测

风能资源观测一般仅关注风速和风向要素，而太阳能资源观测关注的是包含总辐射、直接辐射、散射辐射、日照时数等在内的多种要素。太阳能资源观测手段主要包括地面辐射观测和卫星辐射观测两种。地面辐射观测是最为直接的观测手段，卫星辐射观测则需要通过一定的算法转换才可以得到观测量。

2.2.1　观测量相关术语及定义

到达地面的太阳辐射可以分为直接辐射和散射辐射两部分。

（1）直接辐射。从日面及其周围一小立体角内发出的辐射（从测量角度来说，直接辐射是由对准日面的视场角约为5°的仪器测定的，因此会包括日面周围的部分散射辐射）。有时也会用到法向直接辐射的概念，即与太阳光线垂直的平面上接收到的直接辐射。

（2）散射辐射。太阳辐射经过大气散射或云的反射，从天空 2π 立体角以短波形式向下到达地面的辐射。

（3）总辐射。水平表面在 2π 立体角内所接收到的直接辐射和散射辐射之和。

以上辐射涉及如下多种相关观测量的定义。

（1）辐照度。单位时间、单位面积上面元接收到的辐射能，单位为 W/m^2。

（2）辐射量。一段时间内单位面积上接收到的辐射能，即辐照度在该段时间上的积分。

（3）直接辐射辐照度。直接辐射在任意给定平面上形成的辐照度，光伏电站关注的是地面直接辐射辐照度，也称为直射辐照度。

（4）法向直接辐射辐照度。直接辐射在与射束垂直的平面上的辐照度，又称法向直射辐照度。

（5）散射辐射辐照度。在给定平面上由散射辐射形成的半球向辐照度，光伏电站关注的是地面散射辐射辐照度，也称为散射辐照度。

（6）总辐照度。水平面上由总日射形成的半球向辐照度，光伏电站关注的是地面总辐照度，为直射辐照度及散射辐照度之和。

（7）日照时数。直射辐照度大于或等于 $120W/m^2$ 时段的总和，又称实照时数。

（8）可照时数。在无任何遮蔽条件下，太阳中心从某地东方地平线到进入西方地平线，其光线照射到地面所经历的时间。

光伏电站最常用的观测量为总辐照度、日照时数，此外，《光伏发电站太阳能资源实时监测技术要求》（GB/T 30153—2013）建议加入法向直接辐射辐照度和散射辐射辐照度的观测。另外，除各类太阳辐照量直接影响光伏发电量的大小外，环境的温度、湿度和风速等也会影响太阳能电池的发电效率，因此光伏电站也需要对平均风速、平均风向、环境温度、相对湿度等常规气象要素进行观测。

太阳能资源观测常用的观测仪器是地面太阳辐射测量仪和卫星遥感辐射计。《光伏发电站太阳能资源实时监测技术要求》对地面太阳辐射测量仪的相关测量量程和精度提出了要求，对总辐照度、直射辐照度、散射辐照度的测量光谱范围为 280～3000nm，测量精度为 5%。目前对卫星遥感辐射计的太阳能资源观测量程和精度方面，暂无参考标准，建议参考地面太阳辐射测量仪的量程和精度。

下面介绍这些测量仪器的观测原理和观测方法。

2.2.2 地面太阳辐射测量仪

常用的地面太阳辐射测量仪如图 2－5 所示，其中总辐射表用来测量总辐照度，直射辐射表用来测量直射辐照度，散射辐射表用来测量散射辐照度，日照计用来测量日照时数。

图 2－5　常用的地面太阳辐射测量仪

（1）直射辐射表。直射辐射表是用于测量法向直射辐照度的仪器，由视场限制管、遮光管、辐射传感器（热阻）、补偿腔体、防辐射盖和外罩等元件组成，其结构图如图 2－6 所示。

（2）总辐射表（散射辐射表）。总辐射表用于测量平面接收器上半球向入射辐照度的仪器，可直接获得所需的地面总辐照度，其视场角为 2π 曲面度立体角。在水平安装情况下，若遮挡 $6×10^{-3}$

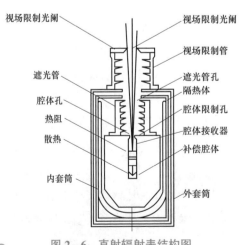

图 2－6　直射辐射表结构图

球面度立体角内的直接日射，则可观测散射辐照度。传统的总辐射表主要
是热电型太阳辐射测量仪器，主要由热感应器、玻璃罩、防护罩、干燥剂
容器、水准器、信号插座、水平调节螺钉等组成，其结构如图 2-7 所示。

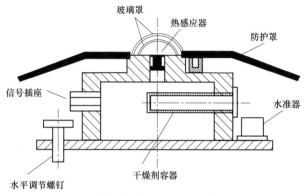

图 2-7　传统的总辐射表（散射辐射表）结构图

（3）日照计。日照计是用来测量日照时数的仪器，主要采用总辐射测
量法和直射辐射测量法进行测量。

总辐射测量法是通过对总辐照度和散射辐照度的测量，将总辐照度
减去散射辐照度得到直射辐照度，当直射辐照度超过世界气象组织
（World Meteorological Organization，WMO）推荐的直射辐照度阈值
120W/m^2 时，日照时数记录仪记录持续时间，这段持续时间即为日照时
数。基于该方法的仪器主要包括两台相同的总辐射表（一台用来测量总
辐照度，另一台用来测量散射辐照度）和 1 个遮光装置（用于测量散射
辐照度）。

直射辐射测量法是测量直射辐照度的方法，该方法利用和时间记录设
备相连接的直射辐射表测量直射辐照度。通过阈值鉴别器进行 120W/m^2 阈
值的转换，由相应的向上和向下的转换触发时间计数器，即可确定日照
时数。

2.2.3　卫星遥感辐射计

（1）观测原理。卫星观测可以有效弥补地面辐射观测点数量不足、
分布稀疏的缺陷，实现观测范围全面、时空分辨率较高的观测。近年来，

随着空间遥感技术的发展，利用卫星遥感数据反演分析地面太阳能资源的方法得到快速发展和应用。目前我国常用的卫星观测数据特征信息如表 2-3 所示。

表 2-3　　　　　　　　目前我国常用的卫星观测数据特征信息

类型	名称/型号	空间分辨率（可见光波段）（km）	时间分辨率/每日过境次数
静止气象卫星	中国 FY-2	1.25	30min
	中国 FY-4	0.5	15min
	日本葵花 8	0.5	10min
极轨气象卫星	中国 FY-3	0.25	3 次
	欧洲 METOP	1.1	3~4 次
	美国 NPP	0.4	3 次
	美国 NOAA 系列	1.1	1~4 次
	美国 TERRA	0.25	2 次
	美国 AQUA	0.25	3 次

卫星分为极轨卫星和静止卫星两种，两者的辐射观测仪器一般均使用遥感辐射计。如图 2-8 所示，一个电子—光学遥感辐射计由扫描仪、光学系统、探测器、信号处理系统和信号输出五部分组成。

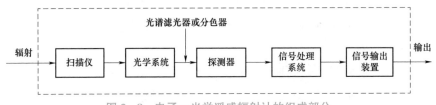

图 2-8　电子—光学遥感辐射计的组成部分

1）扫描仪和光学系统。扫描仪和光学系统的作用是收集地球反射的太阳辐射，并将其传给探测器。光学系统包括光栏、集光口径和聚焦系统。仪器的视场由光栏和集光口径决定，所谓仪器的视场是指仪器对一个目标物的存在而引起响应的空间立体角。卫星观测仪器主要部件和对地观测方式如图2-9所示。光学系统包括由电机带动的旋转扫描镜、光学聚焦系统。

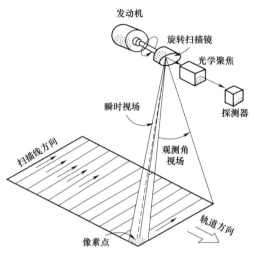

图2-9 卫星观测仪器主要部件和对地观测方式

2）探测器。探测器将仪器接收到的辐射能转换为电信号，它主要分为两类：量子探测器和热探测器。若入射到探测器上的每个量子的能量大于该探测器的某个特征阈值，则量子计数器对量子数给出近于均匀的响应。热探测器的响应与入射其上的总能量相关。

探测器特征参数有：① 探测器的光谱范围；② 时间常数，可确定探测器的信息速率；③ 噪声等效功率或探测器的灵敏度，用于确定可探测的最低信号电平；④ 探测器的实际物理尺寸，可确定探测器的光学系统最终的灵敏度。

在紫外线、可见光和近红外光谱段，通常采用光电发射器件（如光电倍增管）和固态器件（如光敏二极管）；在红外光谱段，采用量子和热固态器件（热敏电阻）。

3）信号处理系统。将来自探测器的电信号放大到所需要的输出电平，然后通过模数转换将其处理为所要求的格式流。

4）信号输出装置。将信号处理系统处理好的信号发送给天线或记录到仪器内部的有关介质上。

（2）地面辐射反演算法。卫星与地面辐射测量仪不同，不能直接观测到地面的辐射量，需要通过一定的算法才能将观测量转化为地面的辐射量，这些算法包括云量反演法、统计反演法、参数化法及辐射传输模式等。

1）云量反演法。云量反演法的基本思路是利用卫星遥感资料反演得到云对太阳辐射的影响因子（可以是云量，也可以是由云量派生出的其他因子），然后利用传统的气候学方法计算到达地面的太阳辐射量。该方法的误差主要取决于行星反射率观测值的时空分辨率及最小和最大行星反照率。

2）统计反演法。统计反演法首先建立卫星观测量与所要计算地面总辐射之间的回归关系，然后根据地面总辐射的观测值确定回归系数。采用这种方法的前提是要从理论上确定卫星观测值与所要计算的地面辐射量之间存在的物理联系，只有这样才能保证所建立的回归关系具有充分的物理根据。该方法主要适用于云、水汽和气溶胶影响较小时的情况。

3）参数化法。该方法将各种影响太阳辐射的因素，如大气分子的吸收和散射、水汽的吸收、气溶胶的散射和吸收等因素，抽象为一定的物理参数，然后与大气层顶的太阳辐射量相乘得到晴天条件下的地面总辐射量。在有云的天气条件下，目前该方法尚难精确地考虑云对太阳辐射的反射、散射和吸收等物理过程。

4）辐射传输模式。辐射传输模式利用大气信息（如温度、湿度、气压等资料）作为初始值直接输入到离散化的辐射传输方程中，通过方程的推演得到地面及各高度层的辐射量，是目前技术较为先进、应用较为广泛的一种计算地面总辐射的方法，可以考虑云的影响。目前在该领域中，快速辐射传输模式（rapid radiative transfer model，RRTM）应用较为广泛。辐射传输模式的计算流程：① 利用高分辨率光谱数据集计算气体的吸收系数，计算方法主要有逐线积分、K 分布和带模式法 3 种。② 计算不同波段上瑞利散射、云、气溶胶、气体的光学性质，主要包括光学厚度、单次反照率和相函数的各展开项。③ 通过辐射传输算法计算各层的辐射通量，并将不同波段的辐射通量累加，得到各层总的辐射通量，主要的算法有离散纵坐标法、球谐函数法、倍加—累加法、蒙特卡罗法等。④ 计算加热率（短波）或冷却率（长波）。⑤ 如果需要计算除晴空和全云以外的其他情况，还需在辐射传输算法中加入对云的处理，一般采用最大重叠、随机重叠及最大随机重叠等处理方法。

2.3 新能源资源观测设备选址与安装

2.3.1 风能资源观测设备选址与安装

近十几年，我国风电相关行业出台了一系列关于风能资源监测和评估的标准，包括《风电场风能资源测量方法》（GB/T 18709—2002）、《风电场风能资源评估方法》（GB/T 18710—2002）、《全国风能资源评价技术规定》（发改能源〔2004〕865 号文）、《风电场气象观测及资料审核、订正技术规范》（QX/T 74—2007）、《风能资源术语》（GB/T 31724—2015）、《风电场风能资源监测技术规范》（Q/GDW 11629—2016）和《陆上风电场工程可行性研究报告编制规程》（NB/T 31105—2016）等，这些标准在测风塔的选址、架设及测风仪器的安装等方面提出了规范性要求。其中，前期资源评估与运行期实时监测对测风塔的选址要求有所不同。截至 2019 年 12 月测风雷达选址安装方面的标准文件未见发布。

2.3.1.1 测风塔的选址

（1）前期资源评估阶段测风塔的选址。测风塔选址应选择具有代表性的地点安装，同时应避开建筑物、植被和地形的干扰，以避免对测风结果产生影响。基本的选址原则主要有：① 尽量远离障碍物，与单个障碍物距离应大于障碍物高度的 3 倍；与成排障碍物的距离应大于障碍物高度的 10 倍。如果必须在树木密集的地方设立测风塔，那么应该比树木顶端高 10m 以上。② 尽量选择在该区域常年主风向的上风向位置。③ 当风电场地形平坦时，测风塔可以建立在风电场中央，其位置应该避开地表粗糙度明显变化的地方；当风电场地形复杂时，对于隆升地形应建立在山顶、半山坡或山脚的来流方向，对于低凹地形应建立在盛行风向的入口且地质条件较好处。④ 测风塔与风电机组的海拔差应小于 100m。⑤ 要考虑政府规划因素，如道路、建筑、土地利用等。⑥ 装机容量小于 100MW 且覆盖范围小于 20km² 的，应至少配置 1 座测风塔，地形复杂地区可考虑安装多台测风塔。

（2）运行期实时监测阶段测风塔的选址。除前期资源评估阶段测风塔选址安装的要求之外，后期实时监测阶段测风塔选址安装还应避开风电机组产生的尾流效应。一般来说，测风塔安装的最佳位置是在风电机组主风向的上风向位置。平坦地形风电场的测风塔应安装在风电场外 1～5km 范围内。

2.3.1.2　测风塔的架设安装

（1）测风塔体安装后应坚固、可靠，保证十年以上的正常使用。

（2）测风塔体要能承受当地最恶劣气象条件，如大风、沙尘暴、暴雨等。

（3）测风塔地基应为钢制底座和混凝土材质，使用钢丝拉线加固，应便于工作人员拆卸、维修仪器设备。

（4）观测点的主测风塔高度不应低于风电机组轮毂高度，并在塔上 10m、轮毂高度处附近等至少 4 个高度层上预留安装点。高度低于风电机组轮毂高度的观测塔只能作为补充观测塔。

（5）覆冰多发区的塔架结构强度应考虑覆冰的影响，可参照《架空输电线路杆塔结构设计技术规定》（DL/T 5154—2012）的规定执行。

（6）测风塔塔架需安装有独立引下线的防雷击接地装置，接地电阻宜小于 4Ω，避雷针顶端应与最高观测层保持塔直径 15 倍以上距离。测风装置与传感器位置应在避雷装置的防护范围内。

（7）测风塔与观测数据收集服务器之间应有电缆沟相连，以便铺设电源电缆和信号传输总线。

2.3.1.3　旋转式（超声波）测风仪的安装

（1）应安装在牢固的塔架上，并附设避雷装置。

（2）测风高度建议在 10、30、50m 和轮毂高度处，10m 处安装温度、湿度和气压传感器。

（3）传感器中轴应垂直，旋转式测风仪的方位指南杆指向正南。

（4）传感器应固定在离开塔身的牢固横梁处，与塔身距离为桁架式结构测风塔直径的 3 倍以上，或圆管形结构测风塔直径的 6 倍以上，迎主风向安装并进行水平校正。

（5）观测期间仪器每 12 个月标定一次。

2.3.1.4　测风雷达的选址与安装

（1）周围应尽量没有高大的树木、建筑物和高压电线，尽量选择比较开阔、地形平坦的地区。

（2）远离地面或空中交通通道，将电磁干扰的强度降到最小。

（3）对于风廓线雷达，在设备建设的初期就应对原拟定选址进行必要的扫频测试，而一旦选定频率后就应及时到当地相关管理部门办理频率适用的许可证，同时办理无线电电台执照。

2.3.1.5　极端环境下的风能资源观测

中国北部、北极、北欧、加拿大、美国阿拉斯加、俄罗斯等国家或地区都存在极寒天气和冰雪天气。冰雪覆盖下的测风塔（如图 2-10 所示）和测风仪器，可能出现无法正常使用的情况。

图 2-10　冰雪覆盖下的测风塔

极寒天气下对测风塔、测风仪器等装备有如下特殊要求。

（1）对测风塔的要求。在严寒地区建立测风塔之前，应测量最大冰荷载与最大风荷载。常规测风塔的结构强度一般不足以用于严重冰冻区。对于长期安装的测风塔，《覆冰气象标准》（*Atmospheric Icing of Structures*）（ISO 12494 —2017）规定应使用 3 年最大冰荷载与 50 年最大风荷载的组合。对于短期使用且可进行密切监测的测风塔，最大风速和冰荷载可适当减少。对于非永久性测风塔，冰冻条件下测风塔的建设成本将大幅增加。

除了冰堆积问题，低温条件下标准钢结构将变脆。管状塔架可能不适用，因此在低温条件下安装测风塔应进行谨慎设计。

此外，所有设备包括避雷针、安装吊杆、电缆带、风向标与风速计的质量和强度等细节都必须加以考虑。

（2）测风仪器的要求。严寒条件下的风速计可能会停转或减速，风向标可能会停转，堆积在吊杆或避雷针上的冰可能会影响测量结果的准确性。

极寒条件下风速计与风向标等测风仪器必须完全加热，加热方式主要有轴加热、全加热等。轴加热型传感器仅能保持轴承恒温，仅适用于低温测风。全加热型传感器有不同的加热功率等级，适用于更低温的环境条件。

由于加热型传感器通常存在一些缺点，如质量较大、对垂直风较敏感，因而应同时采用传统风杯式风速计。当两者的平均风速出现显著差异时，可能是非加热型风速计受到冰冻影响的缘故。

声雷达、激光雷达等已应用于严寒条件下的测风，这些仪器没有外露的运动部件，然而积雪仍有可能会影响它们的正常运行。此外，由于极寒天气下气溶胶水平较低，雷达数据可用率下降。

（3）冰情测量的要求。风电项目中，评估场址处的大气冰冻特性非常重要，冰冻特性参数包含结冰起始时间、持续时间、冰冻程度、冰冻频率、最大冰荷载、冰冻类型等。建议以上参数通过测量或基于其他参数计算得到。场址处冰冻特性参数的测量可用于评估电量损失、防冰或除冰技术要求等。

（4）温度测量的要求。温度传感器周围的辐射防护罩需要通风正常。传统的小型防护罩可能被冰雪包裹或填充，导致读数错误，因而可能需要配备具有高功率加热能力和用于气象站的大型外壳。

2.3.2 太阳能资源观测设备选址与安装

2.3.2.1 地面太阳辐射测量仪的选址与安装

近十几年来，我国出台了一些关于太阳能资源监测和评估的标准，包括《太阳能资源评估方法》（QX/T 89—2008）、《光伏发电站设计规范》（GB 50797—2012）、《光伏发电站太阳能资源实时监测技术要求》（GB/T 30153—2013）等。这些标准在辐照仪器选址、安装和架设等方面提出了如下规范性指导。

（1）宜安装在光伏电站内，易于观测人员快速到达。

（2）仪器感应元件平面以上应无任何障碍物，若不满足，宜与障碍物保持高差 10 倍以上距离，减少周围环境对仪器设备的影响。

（3）对于按最佳固定倾角布置光伏方阵的大型光伏电站，宜安装在设计确定的最佳固定倾角面上。

（4）对于有斜单轴或平单轴跟踪装置的大型光伏电站，宜安装在设计确定的斜单轴或平单轴跟踪受光面上。

（5）对于高倍聚光光伏电站，应增设法向直接辐射辐照度观测。

（6）现场实时观测数据宜采用有线或无线通信信道直接传送。

（7）总辐射表、直射辐射表、散射辐射表应牢固安装在专用的台柱上，距地坪不低于 1.5m。

（8）气压计宜安装在数据采集器机箱内。环境温度计、湿度计应置于百叶箱内，距地面不低于 1.5m。风速传感器、风向传感器应安装在牢固的高杆或塔架上，距地面宜不低于 3m。

2.3.2.2　卫星地面接收装置的选址与安装

（1）避免物理遮挡。对于极轨卫星来说，由于轨道的上升或下降都在地球的南边或北边，因此，要求地面站的南北方向尽量没有遮挡。东西方向可能对低轨道造成影响，一般要求遮挡角度应尽量小。对略超出要求的遮挡情况，可以采取加高天线座的办法补救，但应同时考虑加高后带来抗风不利的影响。

（2）避免电磁环境的干扰。电磁环境是干扰正常信号的主要因素，邻近频率的干扰对接收系统产生影响。因此，应选择附近没有电磁波发射和大功率用电设备的地点。

2.4　观测数据质量控制

2.4.1　风能资源观测数据

风能资源观测数据应依据《风电场风能资源测量方法》（GB/T 18709—2002）、《风电场气象观测及资料审核、订正技术规范》（QX/T 74—2007）、《地面气象观测规范》（气象出版社，2003 年）等进行质量控制，质量控制的主要步骤如下所述。

2.4.1.1 审核数据合理性

（1）风速的变化范围应在 0~75m/s。

（2）风向的变化范围应在 0°~360°，或者风向处于十六个方位和静风状态（如表 2-1 所示）。

（3）气温的变化范围应在 -80~60℃间。

（4）气压的变化范围应在 500~1100hPa 间。

（5）各高度风速应存在一致性，$|v_{50}$❶$-v_{30}|<4.0$m/s 和 $|v_{50}-v_{10}|<8.0$m/s。

（6）各高度风向应存在一致性，$|D_{50}$❷$-D_{30}|<30°$ 或 $|D_{50}-D_{30}|>330°$ 或 $v_{30}\leq0.2$m/s 或 $v_{50}\leq0.2$m/s（即有一高度为静风）。

（7）风速数据不应存在连续不变的情况，即数据非零且连续 1h 以上保持不变。

（8）数据不应存在非正常跃变情况，即 15min 内平均风速变化超过 6m/s 内，1h 内平均温度变化超过 5℃，1h 内平均气压变化超过 10hPa。

2.4.1.2 审核与邻近气象站观测的相关性

（1）气温。审核气温日变化是否符合规律。如有异常情况，可以参考邻近气象台（站）观测的气温、云、降水、日照等要素，以判断其是否合理。

（2）气压。审核气压日变化是否符合规律，如有异常现象，应分析原因，可以与邻近气象台站的气压资料进行比较，两者一般都有较好的相关性。

2.4.1.3 测风数据插补及订正

（1）短时段缺测或不真实测风数据的插补及订正是针对测风塔不同高度风观测中，某层次、某时段数据缺测（包括不真实数据）而采取的数据补救措施。经过插补订正的数据应给出明确标识。

1）满足插补订正的数据条件。同时满足以下两个数据条件时，方可进行插补及订正：① 当同一观测点缺测数据量小于应统计时段样本数的30%时，并且用于插补订正的参照点同期观测数据与缺测时段处于同一主导风

---

❶ v（风速）的下标为参考高度（单位为 m）。

❷ D（风向）的下标为参考高度（单位为 m）。

向时段。② 插补点与参照点同期观测数据相关显著。

2）参照观测点（层）的选取。根据优先顺序，按以下原则选取：① 与缺测点（层）同一座测风塔的其他观测层记录。② 位于缺测点附近地区，且地形特征相似的测风塔相同高度层的记录。③ 与缺测点相关性较好（至少要通过 0.05 的显著性水平检验）的其他观测站。

3）参照资料的选取。选取与缺测时段内主导风向相同的相关显著的测点观测数据，作为插补订正的参照数据。

4）风速订正。① 廓线法。如同一塔上、同一观测时刻某层缺测而其他层观测数据完整，并且风速垂直变化较平稳时，可先选取适当的廓线函数拟合风速垂直分布参数，然后对缺测层的数据进行插补订正。② 相关比值法。在满足插补订正条件且具备参考观测点时，缺测点风速 y 与参照观测点风速 x 之间构成以下关系

$$\frac{y}{x} = a - bx = k(x) \tag{2-2}$$

式中　　a、b——经验系数；

　　　　$k(x)$——线性修正系数，当 x 较大时，$k(x)$ 趋于常数。

利用相关比值法进行风速订正时，宜按季节或风向进行分类订正。

5）风向订正。将参照点同期风向记录直接移植到缺测点必须满足两个条件之一：① 参照点与缺测点处于同一测风塔，并且两层的风向吻合率在80%以上。② 缺测点和同一风电场参照点的海拔、坡向、海岸线走向、周边障碍物等均相似。

（2）长年代序列延长。

1）参照气象台（站）的选定。满足以下 4 个条件的邻近气象（台）站可作为风场序列延长的参照站：① 具有 20 年以上规范的测风记录。② 测风环境基本保持长年不变或具备完整的测风站搬迁对比观测记录。③ 在有效风速区间内（一般为平均风速 3~25m/s），与风电场相关性较好。④ 与测风区的气候特性应相似。

2）风速序列延长。可采用以上相关比值法进行风速序列的延长。

2.4.2 太阳能资源观测数据

太阳能资源观测数据可依据《光伏发电站太阳能资源实时监测技术规范》（NB/T 32012—2013）的要求进行质量控制，主要包括以下要求。

2.4.2.1 完整性检验

（1）数据时间顺序应符合预期开始、结束时间。

（2）现场采集的测量数据的完整率应在95%以上。

2.4.2.2 合理性检验

（1）测量值不应超出测量传感器性能指标限定的测量范围。

1）法向直射辐照度应在0～2000W/m² 之间，相邻样本（5min 间隔）最大变化值不超过 800W/m²。

2）散射辐照度应在0～2000W/m² 之间，相邻样本（5min 间隔）最大变化值不超过 800W/m²。

3）总辐照度应在0～2000W/m² 之间，相邻样本（5min 间隔）最大变化值不超过 800W/m²。

4）风速应在0～60m/s 之间，相邻样本（5min 间隔）最大变化值不超过 20m/s。

5）风向应在0°～360°之间，相邻样本（5min 间隔）最大变化值不超过360°。

6）环境温度应在−40～+60℃之间，相邻样本（5min 间隔）最大变化值不超过 2℃。

7）相对湿度应在0～100%之间，相邻样本（5min 间隔）最大变化值不超过5%。

8）气压应在500～1100hPa 之间，相邻样本（5min 间隔）最大变化值不超过 0.3hPa。

（2）同一时刻的总辐照度应不小于法向直射辐照度和散射辐照度。

然而以上检验中缺少与邻近气象观测站的相关性分析及缺测数据的插补等内容，未来有待进一步补充和扩展。

第 3 章

新能源资源影响因素与时空分布特性

影响风能资源分布的因素有大气环流、地形和地表粗糙度等。影响太阳能资源分布的因素有赤纬角、日地距离、太阳常数、纬度、海拔、云、水汽、沙尘和气溶胶等。以上因素使得地区间的资源分布存在差异，也造成了时间上的周期性变化，如年变化、日变化等。了解局部地区的风、光资源特性及其影响因素，将为新能源资源评估、场站选址和电量预测提供重要的参考依据。此外，分析影响不同区域风光资源的具体因素，有助于调试和改进大气数值模式，进一步提升新能源资源的历史模拟精度，也有助于提升中长期电量预测精度。

3.1 风能资源影响因素

3.1.1 大气环流

大气环流是影响风能资源的首要因素。大气环流是由太阳对地球表面的不均衡加热引起的。全球尺度的东西风带和三圈环流如图 3−1 所示，大气环流主要表现为全球尺度的东西风带、三圈环流（哈得来环流、费雷尔环流和极地环流）、定常分布的平均槽脊、西风带中的大型扰动等，极大地影响对流层风速和风向的长时间平均特征，并进一步影响近地面风能资源的分布状况。

除了全球尺度的东西风带和三圈环流，海陆间大气环流的季节变化，即季风，也会对风能资源分布产生很大的影响。季风一般分为冬季风和夏季风，季风活动大约影响 1/4 的地球面积，以及全世界半数以上人口的生活。典型的季风发生在包括中国在内的亚洲东部和南部、澳大利亚的北部沿海地带和西非几内亚等地区。

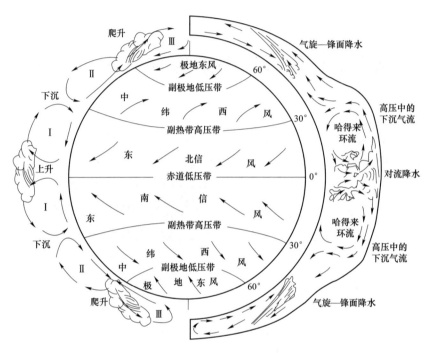

图 3-1　全球尺度的东西风带和三圈环流

Ⅰ—哈得来环流；Ⅱ—费雷尔环流；Ⅲ—极地环流

　　大气环流会受全球尺度气候周期性振荡的影响，如厄尔尼诺—南方涛动、北大西洋涛动和太平洋年代际振荡等，会造成大范围大气环流异常变化，如持续几个月甚至更久的偏低或偏高风电功率异常。

　　我国风能资源的大气环流影响因素主要为蒙古高压、西太平洋副热带高压等天气系统。尤其是蒙古高压等北方冬季天气系统，其对我国风能资源丰富的三北（华北、东北、西北）地区影响很大。每当冷空气自北南下，都伴随着一次大风过程，三北地区首当其冲，风速随着寒冷空气的南下逐渐变小，至岭南地区一般达到最小。冷空气一般通过 5 条路径南下：第一条路径来自新地岛以东附近的北冰洋面，从西北方向进入蒙古国西部，再继续沿西北偏西方向路径东移南下影响我国；第二条是源于新地岛以西北冰洋面，经俄罗斯、蒙古国沿西北偏北路径影响我国；第三条是源于地中海附近，东移到蒙古国西部再影响我国；第四条源于泰梅尔半岛附近洋面，南移入蒙古国，然后再向东南移动影响我国；第五条源于贝加尔湖的东西伯利亚地区，进入我国东北、华北地区。

3.1.2　地形

地形是影响风能资源的重要因素，复杂地形下相距很近的两个位置的风速、风向可能差别很大。地形对风速风向的影响，主要表现为隆升地形引起的增速现象、大地形引起的绕流现象、峡谷地形引起的狭管效应，以及因地形引起的受热不均匀对风速风向的影响等。

隆升地形对风的影响，表现为地形抬升处的近地面风速增加。图3-2为一种典型的对数风廓线经地形扰动后的垂直方向风廓线变化情况，其物理过程可描述为：当近地面层气流由水平均一的地形刚接触到山脚时，流线将以一定的迎角与山体接触，因山体表面高于上游水平下垫面，近地面气流就会有一个短暂的减速过程，同时产生切应力的变化；当气流开始越过山坡流向风面的中部时，流线的密集化将导致边界层内的气流加速，并使得静压力降低，产生更强的速度和切应力的扰动，到山顶处静压力降低到最低值，此时风速达到最大；气流越过山顶流向背风坡时，流线逐渐辐散又使气流减速，而静压力逐渐上升并恢复正常。图3-3是采用计算流体力学模式计算的某复杂地形下70m高度模拟风速水平方向分布图，从图中可以看到在隆升地形处存在明显的风加速现象。

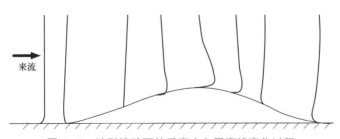

图3-2　地形扰动下的垂直方向风廓线变化过程

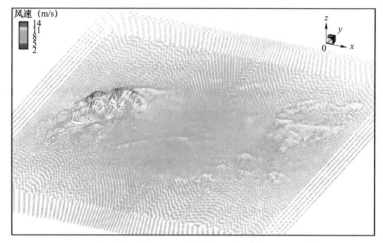

图3-3　某复杂地形下70m高度模拟风速水平方向分布图

风速经过山体时，部分气流从两侧绕过去形成绕流，使风速和风向发生改变。典型的绕流现象发生在我国青藏高原南北两侧，青藏高原及周边冬夏两季月平均600hPa风矢量和高度场如图3-4所示。我国位于中纬度地区，主要盛行西风，西风经过青藏高原后，南侧绕流为逆时针旋转的气旋，西南季风中的水汽在气旋作用下抬升，形成云南省、贵州省多雨的气候特征。高原北侧的绕流为顺时针旋转的反气旋，一方面引起了下沉作用，造成了西北干旱少雨的气候特点，另一方面也影响了河西走廊部分地区，使该地区盛行东风。

峡谷地形对风速造成的增速现象，称为狭管效应，是特殊地形对风速、风向产生影响的典型代表。当风速从开阔地带进入峡谷地形，受两侧山体阻挡，在入口处形成大量空气堆积，气压增大，在气压梯度力作用下风速增加，当空气流出峡谷地形，气压梯度力减小，风速减慢。我国典型的狭管效应见于甘肃省河西走廊地区，在祁连山脉和北部山系的夹包下形成了许多高风速地区，河西走廊张掖地区的狭管风风向示意图如图3-5所示。此外，新疆自治区许多山口地形也容易形成狭管效应。据统计，新疆自治区哈密地区4月的西部山南狭管地带平均风速高达12m/s，而东南部地形稍平坦地区风速仅为4～5m/s。

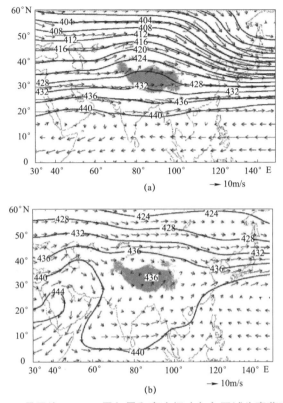

(a)

(b)

图3-4　月平均600hPa风矢量和高度场（灰色区域为青藏高原）

（a）冬季；（b）夏季

图3-5　河西走廊张掖地区的狭管风风向示意图

此外，地形起伏也会引起地面接收太阳辐射不均，在热力作用下形成局部地区热环流。典型代表是山谷风，其原理示意图如图 3-6 所示。白天山顶接收太阳照射较多，气温升高快，膨胀上升，山谷的空气抬升补充山顶的空气，而高空的气流在山谷下降，形成"谷风环流"。而晚上山顶降温较快，空气冷缩下沉至山谷，而山谷空气温度较高抬升，并补充山顶气流，形成"山风环流"。

图 3-6 山谷风原理示意图

（a）白天的谷风环流；（b）黑夜的山风环流

3.1.3 地表粗糙度

地表粗糙度是衡量地面对风的摩擦力大小的指标。在假定垂直风廓线随离地面高度按对数关系变化情况下，地表粗糙度为平均风速变为 0 时算出的高度。距离地面 1000m 以上的风况几乎不受地面的影响，但是在大气层的近地面层，风速受到地面摩擦的影响较大。地表粗糙度越大，对风的减速效果越明显。例如，森林和城市对风影响很大，草地和灌木地带对风的影响相对较大，机场跑道对风的影响相对较小，而水面对风的影响更小。表 3-1 给出了不同地表的粗糙度。

表 3-1 不同地表的粗糙度

地表分类	沿海区	开阔地区	建筑物不多的郊区	建筑较多的郊区	大城市中心
地表粗糙度（m）	0.005～0.01	0.03～0.10	0.20～0.40	0.80～1.20	2.00～3.00

当风从一种地表移到另一种地表时，地表粗糙度的变化将对风速产生强制作用，影响原有的风廓线。随着气流往下游移动，这种强制作用逐渐

向高空扩散，因而在新表面上空形成一个厚度逐渐加大的新边界层。最后空气层完全摆脱来流的影响，形成了适应新下垫面的边界层，在这个过程的初始和中期阶段形成的新边界层称为动力内边界层，简称内边界层。地表粗糙度变化下的内边界层发展示意图如图 3-7 所示。经变化的地表粗糙度扰动后，风廓线的特点主要表现为：当来流为中性大气时，内边界层层顶以上仍维持上游的对数风廓线的分布规律；而内边界层以内则为对应新的地表粗糙度与摩擦速度的风廓线，整个风廓线将表现为一种拼接关系。

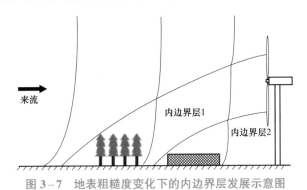

图 3-7　地表粗糙度变化下的内边界层发展示意图

3.1.4　海陆差异

海上风电开发并网的容量在逐渐增长，海上风环境与陆上风环境存在很多不同。

（1）海面粗糙度比大多数陆地表面的小得多。典型的海面粗糙度假设是 0.001m，当然它也会随浪高和风速变化然而相比之下，大多数陆地表面的粗糙度在 0.03~1.0m，有的甚至更长。海面粗糙度低意味着海上风切变比陆上低，湍流强度通常也更小些。

（2）海陆交界处存在海陆风。海陆风的水平范围可达几十千米，垂直高度达 1~2km，周期为一昼夜。海陆风示意图如图 3-8 所示。白天，地表受太阳辐射而增温，由于陆地土壤热容量比海水热容量小得多，陆地升温比海洋快得多，因此陆地上的气温显著地比附近海洋上的气温高。在水平气压梯度力的作用下，高空的空气从陆地流向海洋，然后下沉至低空，又由海面流向陆地，再度上升，形成低层海风和垂直剖面上的海风环流。

新能源资源评估与中长期电量预测

日落以后，陆地降温比海洋快，到了夜间，海上气温高于陆地，就出现与白天相反的陆风环流。海陆的温差，白天大于夜晚，所以海风较陆风强。在较大湖泊的湖陆交界地，可产生和海陆风环流相似的湖陆风。江苏省赣榆沿海气象站的 10m 高度风向显示出的海陆风周期变化如图 3-9 所示。

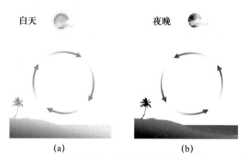

图 3-8 海陆风示意图

（a）白天的海风示意图；（b）夜晚的陆风示意图

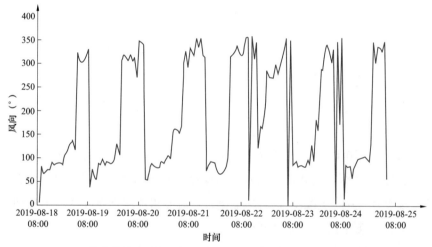

图 3-9 江苏省赣榆沿海气象站的 10m 高度风向显示出的海陆风周期变化

（3）海上表面温度变化的日曲线比陆上的波动小，这个特点也会使海上大气稳定度和风切变的变化更小。而在陆地上，平均风切变昼夜之间变化非常大，与海上显著不同。

（4）由于没有地形变化，海上风能资源在空间上常常更为一致，尤其在距离陆地 5km 以外的地方。

3.2　风能资源时空分布特性

3.2.1　时间分布特性

（1）年变化。由于受蒙古高压、西太平洋副热带高压等天气系统的影响，我国风能资源具有明显的年变化特征。一般来说，我国风能资源春季最大，冬季次之，秋季较小，夏季最小。华北和西北地区，风速较大的季节是冬春季。东北地区 4 月风速最大。中部和西南地区 2 月风速最大。东部沿海地区春秋季风速较大。云南省、贵州省、四川省等地 2 月风速最大。西藏自治区冬春季 2~4 月风速较大，2 月风速最大。广东省、福建省等地春季和初冬风速较大，其他时段风速较小。2016 年甘肃省和江苏省的两座测风塔风速呈现不同的年变化特征，如图 3-10 所示。

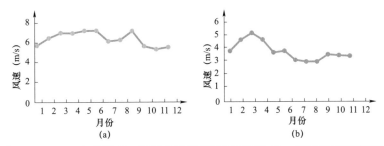

图 3-10　2016 年甘肃省、江苏省两座测风塔测量的 70m 高度风速年变化图

（a）甘肃省某测风塔；（b）江苏省某测风塔

（2）日变化。日间，由于太阳加热地面引起较强的热对流，增加了近地面层和高层间的湍流动量交换，而夜间的湍流动量交换则较小，由此引起了类似于太阳能的日变化特征。若高层的风速较大，近地层的风速较小，且高层和近地层风向相同，则日间近地层的风速会较夜间更大，若高层和近地层风向相反，则日间风速会小于夜间。

此外，日变化比较明显的大气环流也是造成风速日变化的主要原因，如低空急流常会造成夜间风速较大。低空急流是一种发生在边界层或对流层低层的强而窄的气流带，已有研究表明低空急流在日落后开始形成，午夜至清晨最强，日出后开始减弱，风速开始减小。另外山谷风、海陆风等也会表现出明显的风向日变化特征。

以上两种影响因素会造成不同位置的日变化特征完全不同,甚至会造成同一位置、不同高度的日变化特征的差异,某风电场 10m 和 70m 高度风速如图 3－11 所示。10m 风速受湍流动量扩散影响,6 时日出后风速逐步增加,且增幅较大,午间达到最大,午后风速迅速下降;而 70m 风速变化趋势相反,因为该高度受日落后低空急流影响,夜间风速较大,而日间风速较小。

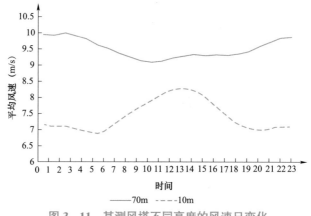

图 3－11　某测风塔不同高度的风速日变化

（3）风速统计规律。风速的长期统计特性经常用两参数的统计分布函数威布尔（Weibull）分布函数来描述,其优点在于它对风能密度的评估有很大的适应性和简便性,描述风速概率密度的威布尔分布函数 $f(v)$ 表达式为

$$f(v) = \frac{k}{c}\left(\frac{v}{c}\right)^{k-1}\exp\left[-\left(\frac{v}{c}\right)^{k}\right] \qquad （3-1）$$

式中　v ——风速,m/s;

　　　k ——形状参数;

　　　c ——尺度参数。

通过对两个参数的灵活赋值可反映出当地风速的分布情况,以便有针对性地采用合适的风能转换技术。

以测风塔实测数据为例,图 3－12 给出 2011 年 1～6 月该塔 70m 高度的风速频率和拟合出的威布尔分布曲线,说明威布尔分布曲线能够较好地拟合实际长期风速分布特征。

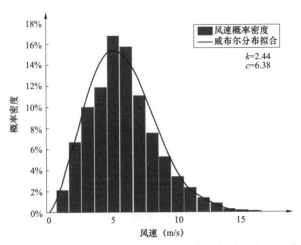

图 3-12　某测风塔 70m 高度风速概率密度与威布尔分布曲线

（4）风向统计规律。风向的长期统计特性一般用风向玫瑰图（简称风玫瑰图，也称风向频率玫瑰图）来描述，它是根据某一地区多年平均统计的各个风向出现的百分数值，并按一定比例绘制，一般多用 8 个或 16 个方位表示，由于形状酷似玫瑰花朵而得名。风向玫瑰图示例如图 3-13 所示，图中风的方向是指从外部吹向地区中心的方向，各方向上按统计数值画出

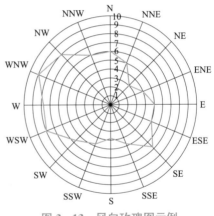

图 3-13　风向玫瑰图示例

的线段，表示此方向风向频率的大小，线段越长表示该风向出现的次数越多。统计一段时间内的风向频率的公式为

$$g_n = \frac{f_n}{c + \sum_{n=1}^{N} f_n} \qquad (3-2)$$

式中　g_n——方向 n 的风向频率；

　　　　f_n——一段时间内出现方向 n 的次数；

N ——方位划分的总数；

c ——静风次数。

将同一方向上表示风向的线段，按照风速数值百分比绘制成不同颜色的分线段，即表示出各风向的不同风速出现的频率，此类统计图称为风向风速玫瑰图，如图 3 – 14 所示。

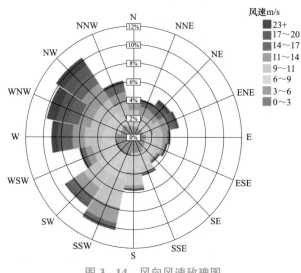

图 3 – 14　风向风速玫瑰图

（5）风速湍流脉动特征。在近地层中，短期风速具有明显的湍流特征，湍流是一种尺度较小的不规则随机流动，含有快速的大幅度脉动。湍流会减小风电机组的风能利用率，同时也会增加风电机组的疲劳载荷和机件磨损几率。一般情况下，可以通过增加风电机组的轮毂高度来减小由地面粗糙度引起的湍流强度的影响。同时，湍流会促进大气上下层的热量、动量交换，有利于风电机组下风向风能的恢复。图 3 – 15 分别用逐 5min 和逐小时分辨率表示了同一段风速时间序列，可以发现逐小时丢失了大量小尺度湍流信息。

在风力发电领域常用湍流强度（turbulence intensity，TI），即一段时间内的平均风速标准差与平均风速的比率，来表征湍流的大小。在风电机组的设计规范中，对风电机组所承受的不同湍流强度做了规定。国际电工委员

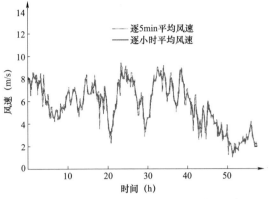

图3-15 分别用逐5min和逐小时分辨率
表示的同一段风速时间序列

会风力发电系统标准（Wind energy generation systems，IEC 61400 Edition 3）
规定了3种影响机组安全等级的TI，当风速为15m/s时，TI达到0.16为
高湍流强度，达到0.14为中等湍流强度，达到0.12为低湍流强度。目前，
湍流的精确模拟和预报难度较大，主要由于湍流的强非线性特征导致数值
模拟的不确定性较大，因此，一般使用基于流体运动方程的时间平均或
空间平均模型进行计算，如常用的雷诺平均RANS模型和大涡模拟LES
模型等。

3.2.2 空间分布特性

风能资源的水平方向分布受天气系统、地形、地貌等多因素影响，较
为复杂。相比于水平方向，垂直方向的风廓线一般均可用对数或指数关系
进行描述，其中对数风廓线在风能资源领域使用尤为广泛，本书主要介绍
对数风廓线。

（1）中性大气层结下的对数风廓线。层结稳定性是影响近地垂直风速
分布特征的重要因素。在层结稳定的情况下，近地层大气的垂直运动不易
出现加速上升或下沉运动，气块一旦移动离开原位置就开始减速，稳定层
结一般出现在夜间；在层结不稳定的情况下，近地层大气容易出现加速上
升或下沉运动，在日间容易出现不稳定层结；在中性大气层结情况下，
气块在垂直方向上既不容易加速，也不容易减速，一般出现在阴天或日
夜交替的时间段。

中性层结下，假设近地面层中动量通量为常数，则有

$$\frac{\tau}{\rho} = -\overline{u'w'} = u_*^2 \qquad (3-3)$$

式中　τ——湍流切应力，N/m^2；

　　　u'——风速湍流脉动量，m/s；

　　　w'——水平风速分量 u 和垂直风速 w 的脉动量；

　　　ρ——空气密度，kg/m^2；

　　　u_*——具有速度量纲的非负常数，称为摩擦速度，m/s。

u_*^2 具有湍流切应力的性质，一般随高度而变化，根据湍流闭合方案中的混合长理论有

$$u_*^2 = K_m \frac{\mathrm{d}\bar{u}}{\mathrm{d}z} \qquad (3-4)$$

式中　K_m——湍流黏性系数，与湍流强弱以及不同尺度的湍流能量分配有
　　　　　　关，m^2/s；

　　　$\bar{u}$——平均风速，m/s；

　　　z——距离地面的高度，m。

根据湍流混合长理论，湍流黏性系数正比于反映湍流场性质的特征速度和混合长 l_m 的乘积，那么进一步认为近地面处的混合长应与离地面高度 z 成正比，所以有 $l_m = \kappa z$，并认为反映湍流场性质的特征速度就是 u_*，则有

$$K_m = \kappa u_* z \qquad (3-5)$$

式中　κ——卡曼常数，其值在 0.3~0.42 之间，一般取 0.4。

将式（3-3）代入式（3-4），得到

$$\frac{\mathrm{d}\bar{u}}{\mathrm{d}z} = \frac{u_*}{\kappa z} \qquad (3-6)$$

假设近地面层中摩擦速度不随高度变化，则对式（3-6）积分，并设 $z = z_0$ 处，$\bar{u} = 0$，得到中性层结下风速廓线——对数风廓线：

$$\frac{\bar{u}}{u_*} = \frac{1}{\kappa} \ln \frac{z}{z_0} \qquad (3-7)$$

式中　z_0——地表粗糙度，m。

若地表较为平坦光滑，则 z_0 较小；反之，则较大。根据经验数据，对不同的地表类型进行划分，并用代表性粗糙度来表示。z_0 对应平均风速等于零的高度。

基于对数风廓线，原则上只要知道地表粗糙度与摩擦速度就可求出任意高度的风速，但对数风廓线是一种时均的风廓线，不能描述任意时刻的瞬时垂直风速，所以也不能求得湍流波动的详细信息。

（2）非中性层结下的修正对数风廓线。对数风廓线只适用于中性层结大气，应用于非中性层结时，应根据 Monin−Obukhov 相似性理论对风廓线修改为

$$\frac{\overline{u}}{u_*} = \frac{1}{\kappa}\left[\ln\left(\frac{z}{z_0}\right) - \psi_m\left(\frac{z}{L}\right)\right] \tag{3−8}$$

式中　L——Monin-Obukhov 稳定长度，m。

$\psi_m\left(\dfrac{z}{L}\right)$ 在稳定大气层结情况（$z/L>0$）下有

$$\psi_m\left(\frac{z}{L}\right) = -4.7\left(\frac{z}{L}\right) \tag{3−9}$$

在不稳定大气层结情况（$z/L<0$）下有

$$\psi_m\left(\frac{z}{L}\right) = -\ln\left[\frac{(\varsigma_0^2+1)(\varsigma_0+1)^2}{(\varsigma^2+1)(\varsigma+1)^2}\right] - 2(\arctan\varsigma - \arctan\varsigma_0)$$

$$\tag{3−10}$$

其中 $\varsigma_0 = [1-16(z_0/L)]^{1/4}$，$\varsigma = [1-16(z/L)]^{1/4}$。

3.3　太阳能资源影响因素

影响到达地面的太阳总辐射的因素可归纳为天文地理因素和气象环境因素。天文地理因素，主要包括赤纬角、日地距离、太阳常数、纬度、海拔等。气象环境因素，主要包括云、水汽、沙尘、气溶胶等。

天文地理因素影响不同季节、不同纬度的太阳辐射资源分布。对于特

定时间和地点而言，天文地理因素是固定的，而气象环境因素则有较大的不确定性，云、水汽和气溶胶等对入射太阳光的反射、散射和吸收作用较大，对地表太阳辐射产生非常重要的影响，是同纬度太阳能资源分布不均匀的重要影响因素。

3.3.1 天文和地理因素

（1）赤纬角。赤纬角是指地球赤道平面与太阳和地球中心的连线之间的夹角。赤纬角（δ）示意图如图3—16所示。由于地球绕太阳公转，赤纬角随时间而变，以年为周期，在北纬23°26′（23°26′N）与南纬23°26′（23°26′S）的范围内移动，成为季节的标志。

每年6月21日或22日赤纬角达到最大值北纬23°26′，该日为夏至日。该日太阳位于地球北回归线正上空，是北半球日照时间最长、南半球日照时间最短的一天。在南极圈中整天见不到太阳，而在北极圈内整天太阳不落。随后赤纬角逐渐减小，至12月21日或22日赤纬角达到南纬23°26′，为冬至日，是北半球日照时间最短、南半球日照时间最长的一天。

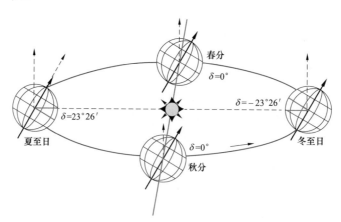

图3—16 赤纬角（δ）示意图

（2）日地距离。由于地球以椭圆形轨道绕太阳运行，因此太阳与地球之间的距离不是一个常数，一年里每天的日地距离不一样。当地球位于近日点时，获得的太阳辐射要大于远日点。一年中由于日地距离的变化所引起太阳辐照度的变化在3.4%左右。

（3）太阳常数。太阳常数用来描述地球大气层上方的太阳辐照度。太阳辐照度是指在平均日地距离（约 1.5×10^8 km）条件下，在地球大气层上界垂直于太阳辐射的单位表面积上所接受的太阳辐射能。

太阳常数并不是一个固定值，具有明显的变化趋势，主要同太阳黑子有关，太阳黑子的发生周期约为 11 年。根据观测，太阳常数的取值范围在 $1360 \sim 1374$ W/m^2 之间。

（4）纬度。纬度高低影响到太阳高度角的大小，同时影响到穿过大气层的距离和大气的削弱作用，决定了地面上单位面积接受的太阳辐射能的多少。纬度低，太阳高度角大，穿过的大气层薄，大气削弱作用小，到达地面的太阳辐射多；纬度高，太阳高度角小，穿过的大气层厚，大气削弱作用大，到达地面的太阳辐射少。

（5）海拔。海拔高的地区空气稀薄，水汽和气溶胶的含量少，因此在穿过大气层时发生的光折射和散射也较少，到达地面的太阳辐射能较多。如我国西藏地区由于海拔高，其太阳能资源远多于同纬度其他地区。

3.3.2 气象和环境因素

到达地面的太阳辐射主要由直射辐射和间接辐射组成，这两者都与气象环境因素有密切的关系。云、水汽、沙尘、气溶胶等能够显著影响光线在大气中的反射、折射和散射，并吸收和释放各种波段的辐射，尤其是吸收短波辐射，从而影响到达地面的太阳辐射能。

（1）水汽和云。水汽吸收、反射、散射太阳短波辐射，减少到达地面的太阳短波辐射。整层大气和各种主要吸收气体吸收光谱如图 3-17 所示，大气的吸收有显著的选择性。吸收地球表面短波太阳辐射的主要气体是水汽，其次是氧气、臭氧等。图 3-17 中，λ 为太阳短波波长，s_λ 为太阳短波波长 λ 的辐射量。

除了吸收太阳辐射外，云还会反射和散射太阳辐射，遮挡到达地面的太阳辐射。不同类型云的遮挡效果不同，内蒙古草原地区在某个夏季晴空、阴天、积雨云、淡积云条件下地表辐照度测量结果如图 3-18 所示。图中显示不同云况下总辐射有明显区别。晴天条件下如图 3-18（a）所示，地面接收到的短波总辐射曲线光滑，随太阳天顶角变化而平滑的变化。当全

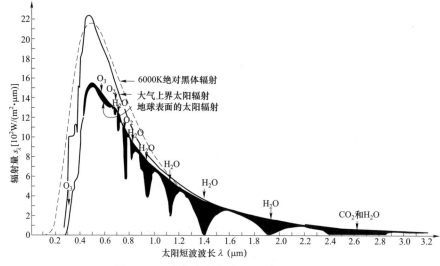

图 3-17 大气上界与海平面的太阳辐射谱

天云量为 10 成（阴天）时，总辐照度中的直射辐照度占比较小，如图 3-18（b）所示，辐射表接收到的总辐照度近似于全天空散射辐照度。图 3-18（c）为当地时间经历积雨云天气的情况，在 15 时，此刻总辐照度减少到 20W/m²，并持续近 1h。图 3-18（d）为典型淡积云天情况，总辐照度在 10 时 30 分开始出现上下变动，在变化幅度大，此后有多次变动，在 15 时后显著变动消失，期间总辐照度最小值为 200W/m²，这种现象主要是由淡积云的空间分布不均匀造成的。

除了高空中的云体外，大气中弥漫的水汽也对太阳辐射产生了一定的影响。水汽可以吸收太阳辐射，尤其是吸收短波辐射，从而影响到达地面的太阳辐射能。

（2）气溶胶。气溶胶指的是悬浮在气体中的固体和（或）液体微粒与气体承载体组成的多相体系，如尘埃、烟粒、微生物、植物孢子和花粉，以及水和冰组成的云雾滴、冰晶和雨雪等粒子。来自自然源的气溶胶有土壤、岩石风化、火山喷发、海盐、微生物孢子、花粉及宇宙尘埃等；来自人为源的气溶胶有人类生产生活排放的烟尘、粉尘等。各种大气粒子互相碰撞、沉降，参与成云、降雨、降雪，参加复杂的大气化学变化，进一步改变了大气粒子的直径、反射率、透过率等特性，并进一步影响了到达地面的太阳辐射能。

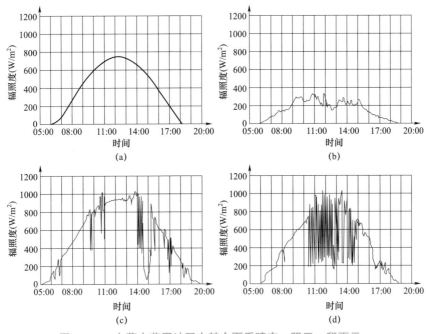

图 3-18　内蒙古草原地区在某个夏季晴空、阴天、积雨云、
淡积云条件下地表辐照度测量结果

（a）晴空；（b）阴天；（c）积雨云；（d）淡积云

3.4　太阳能资源时空分布特性

3.4.1　时间分布特性

相比于风能资源，太阳能资源具有更加鲜明的日变化和年变化特征，某光伏电站地面总辐照度观测数据日变化和年变化曲线图如图 3-19 所示。引起日变化和年变化的原因相对比较简单，日变化由地球自转引起，年变化则由地球绕太阳公转引起。地球公转时自转轴的方向不变，总是指向地球的北极。由于地球处于运行轨道的不同位置时，太阳光投射到地球上的方向也就不同，于是形成了地球上的四季变化，以及太阳能资源的年变化。其他影响我国太阳能资源的要素主要有海拔等地理因素，以及云和

水汽等气象环境因素。

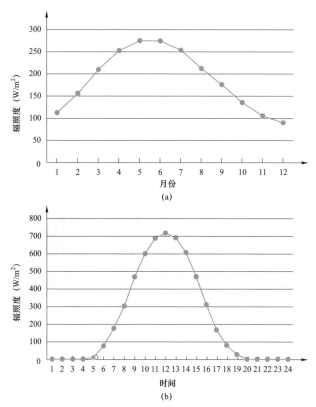

图 3-19　某光伏电站地面总辐照度观测数据日变化和年变化曲线图

（a）辐照度年变化；（b）辐照度日变化

3.4.2　空间分布特性

到达地面的太阳辐射分为直射辐射和散射辐射两部分。直射辐射的空间分布特性主要与纬度和海拔有关，散射辐射的空间分布特性主要同局部地区的云、水汽、沙尘、气溶胶等气象环境影响有关。

全球太阳能年总辐射量在赤道和低纬度地区最高，随着纬度的升高而递减，至南北极地区减至最低。

同纬度地区的总辐射量也会存在较大的差异，主要是因为海拔等地理差异，以及云、水汽、沙尘、气溶胶等气象环境影响，使得地面辐照度分布存在一定的局地性。中国 2018 年太阳能总辐射量分布如图 3-20 所示，西藏和四川地区纬度相近，但总辐射量相差极大，这是因为受到了局部地区海拔和气象环境的影响。西藏自治区海拔高、空气稀薄、湿度低、气溶胶含量少，因此到达地面的辐射多。四川省海拔低、空气密度高、湿度高、气溶胶含量多，因此到达地面的辐射少。

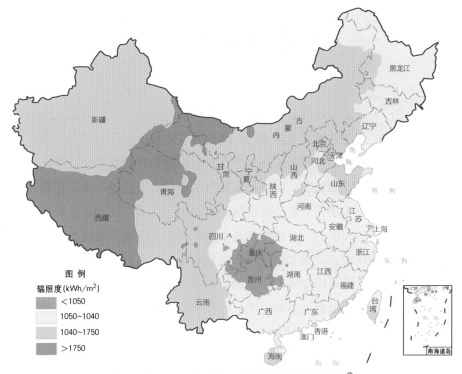

图 3 – 20　中国 2018 年太阳能总辐射量分布图[1]

图 例

辐照度(kWh/m²)
- <1050
- 1050~1040
- 1040~1750
- >1750

---

[1] 摘自《2018 年中国风能太阳能年景公报》，2018 年，中国气象局。

第 4 章

新能源资源模拟

  风能、太阳能等新能源资源属于气象资源。新能源资源评估主要利用气象站、新能源场站等的观测数据。气象站观测数据虽然观测时间较长，但主要分布在城郊，与新能源场站距离较远，地形地貌也存在明显差异，难以代表场站的资源状况；而场站观测数据虽然分布在场站所在位置，但时间积累过短，无法代表新能源资源的长期平均水平。因此新能源资源模拟成为资源评估领域的一个重要和基本的方法。新能源资源模拟是利用大气数值模式对风向、风速和辐照度等气象要素进行模拟的技术。近年来得益于计算机技术的飞速发展，新能源资源模拟技术得到快速发展。中国气象局基于气象站观测数据的第三次 10m 高度层风能资源普查结果如图 4-1 所示，基于数值模拟的全国 50m 高度风能资源详查结果如图 4-2 所示。从区域分布图上可以看出，数值模拟结果可以更加精细地反映地形对资源分布的影响。两者的技术可开发量计算结果相差 10 倍以上，第三次普查我国 10m 高度风功率密度 $150W/m^2$ 以上技术可开发量为 2.97 亿 kW，详查结果 50m 高度风功率密度 $400W/m^2$ 以上技术可开发量为 26.8 亿 kW。

  从空间尺度上划分，新能源资源模拟可以分为区域资源模拟和场站资源模拟。区域资源模拟，一般空间分辨率为 1～10km，模拟范围数量级一般为 $10^3～10^4$km，时间分辨率为 1h 量级，采用的模式以区域气象模式和气候模式为主。场站资源模拟，一般空间分辨率为 10～500m，模拟范围一般为 1～100km，常采用诊断模式或计算流体力学模式计算平均值或稳态值。以当前时刻为界限，新能源资源的数值模拟可分为历史回算和预测，

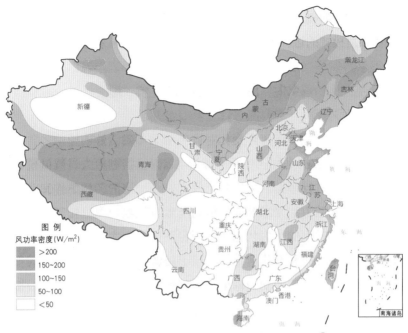

图 4-1　中国气象局第三次风能资源普查结果[1]

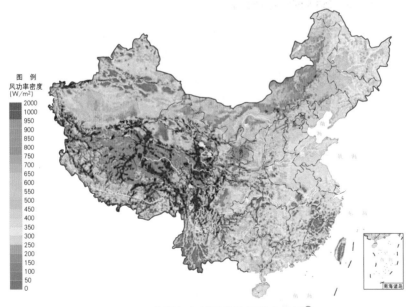

图 4-2　中国气象局风能资源详查结果[1]

---

[1] 摘自《全国风能资源详查和评价报告》，2014，中国气象局。

两者可采用同样的模式，不同点在于历史回算输入模式的边界数据全部为历史数据，而预测模式的边界数据则为现在的观测数据和未来的预测数据。

4.1 区 域 资 源 模 拟

为了降低新能源资源年际变化对评估结果不确定性的影响，常用过去10～30年的气象数据进行区域新能源资源评估，需利用大气数值模式对长时间的气象要素进行模拟。大气数值模式是在给定的初始条件和边界条件下，采用数值离散方法来求解大气运动基本方程组，由已知初始时刻的大气状态计算未知时刻的大气状态，从而得到风能、太阳能资源未来（或过去）的资源时空分布和变化情况。可用于资源模拟的区域数值模式很多，但是它们都建立在类似的动力框架（大气运动方程组）基础上，模拟结果的精度非常依赖于输入模式的初值和边界条件，以及对于次网格尺度和部分物理过程的参数化方案描述。

4.1.1 大气运动基本方程组

大气运动基本方程组包含了三维动量守恒方程（运动方程）、能量守恒方程（热力学第一定律），干空气质量守恒方程（连续性方程），所有相态下的水汽守恒方程，以及理想气体状态方程。以该方程组为基础，根据功能和时空尺度做不同的简化、边界控制和参数处理等，就形成了不同的大气数值模式。

（1）运动方程。大气运动遵循牛顿第二定律，其表达式为

$$m\frac{\mathrm{d}\boldsymbol{v}}{\mathrm{d}t}=\sum F \tag{4-1}$$

式中　m——空气微团的质量，kg；

$\dfrac{\mathrm{d}\boldsymbol{v}}{\mathrm{d}t}$——单位质量大气块的运动加速度变化，m/s^2；

$\sum F$——作用在大气中的各种合力，N。

对大气作用的力包括气压梯度力 $-m\dfrac{1}{\rho}\nabla p$、科氏力 $-2m\omega\times\boldsymbol{v}$、重力 mg 和摩擦力 F_r，将它代入式（4-1）有

$$\frac{\mathrm{d}\boldsymbol{v}}{\mathrm{d}t} = -\frac{1}{\rho}\nabla p - 2\omega \times \boldsymbol{v} + g + \frac{F_r}{m} \tag{4-2}$$

式中　p——气压，Pa；

　　　$\boldsymbol{v}$——运动速度，m/s；

　　　ρ——空气密度，kg/m^3；

　　　ω——地球自转角速度，rad/s；

　　　g——重力加速度，m/s^2。

运动方程可以依据空气运动速度 $\boldsymbol{v}$ 分量（u，v，w），写成 x，y，z 三个方向的分量形式。

（2）连续方程。大气运动遵循质量守恒定律，即

$$\frac{\mathrm{d}(\delta m)}{\mathrm{d}t} = 0 \tag{4-3}$$

式中　δm——空气微团的质量，kg。

$\delta m = \rho \delta V$，则有

$$\frac{\mathrm{d}\rho}{\mathrm{d}t} + \rho\frac{1}{\delta V}\frac{\delta V}{\mathrm{d}t} = 0 \tag{4-4}$$

式中　δV——空气微团体积，m^3；

　　　$\frac{1}{\delta V}\frac{\delta V}{\mathrm{d}t}$——空气微团的相对变化率。

式（4-4）可以写为

$$\frac{\mathrm{d}\rho}{\mathrm{d}t} + \rho\nabla\boldsymbol{v} = 0 \tag{4-5}$$

式中　$\nabla\boldsymbol{v}$——速度散度。

该方程称为连续性方程，表示空气微团密度的变化是由于速度的辐散和辐合引起的。

（3）热力方程。大气动力过程与热力过程相互联系、相互制约。热力学定律是控制大气运动的基本定律。假设空气为理想气体，对单位质量的空气而言，热力学方程可以表述为

$$\frac{\mathrm{d}E}{\mathrm{d}t} + P = \dot{Q} \tag{4-6}$$

式中　$\frac{\mathrm{d}E}{\mathrm{d}t}$——空气微团内能的变化率，W；

P——空气膨胀对外界所做的功率，W；

$\dot{Q}$——外界对空气微团的加热率，W。

对于理想气体而言，内能 E 的表达式为：$E = c_V T$。对于可逆过程而言，单位时间内空气微团所做的功率为 $P = p\dfrac{\mathrm{d}V}{\mathrm{d}t}$，因此，热力学方程可以写成

$$c_V\frac{\mathrm{d}T}{\mathrm{d}t} + p\frac{\mathrm{d}V}{\mathrm{d}t} = \dot{Q} \tag{4-7}$$

式中　c_V——干空气比定容热容，J/（kg·K）。

（4）状态方程。大气可以看做一种理想气体，它满足气体的实验定律，其状态方程的具体表述形式为

$$p = \rho R T \tag{4-8}$$

式中　p——气压，Pa；

R——干空气比气体常数，J/（K·kg）；

T——温度，K。

如果考虑大气中水汽，则温度用虚温 T_v 来代替，即 $T_v = (1 + 0.608q)T$，q 为空气的水汽混合比。

（5）水汽方程。大气中的水汽含量虽然比较少，但是它的输送及相变产生的潜热变化却与大气中的很多天气现象密切相关。因此在进行数值模拟的时候必须考虑大气中水汽过程。大气中水汽守恒方程表示为

$$\frac{\mathrm{d}q}{\mathrm{d}t} = \frac{\dot{S}}{\rho} \tag{4-9}$$

式中　$\dot{S}$——水汽密度变化率；

$\dfrac{\mathrm{d}q}{\mathrm{d}t}$——比湿的变率；

$\dfrac{\dot{S}}{\rho}$——水汽的源汇项。

4.1.2　初值条件与数据同化

大气数值模式是在一定初值和边界条件下求解大气运动方程的离散数值解，初值和边界条件的好坏直接影响资源预测和回算的精度。

全球模式数据在地球表面模拟大气运动时，水平方向空间闭合，所以

一般而言，只需提供初始条件。区域模式因人为划定水平边界，在边界值不确定时，大气运动方程组只能计算通解，无法求得确定的数值解，因此通常以全球模式的模拟（预测）结果，作为初值和边界场。

初值和边界场一般来自全球著名气象业务和研究机构，如美国国家环境预报中心（National Centers for Environmental Prediction，NCEP）、欧洲中期天气预报中心（European Centre for Medium-Range Weather Forecasts，ECMWF）等，因为这些机构可以获得全球各类气象站和卫星的观测数据，具备数值模式框架及各模块的研发和改进能力，实现对全球历史天气的模拟（回算）。

全球范围的历史回算数据一般称为全球再分析场（再分析资料、再分析数据），其水平分辨率一般从几十千米到上百千米，从中截取出用于资源评估的初值和边界条件后，再结合大气数值模式进一步降低尺度到几千米量级，即可用于资源精细化评估。用于资源评估的主要全球再分析场信息见表4-1。

表 4-1　　　　　　用于资源评估的主要全球再分析场信息

数据名称	来源	水平空间分辨率	时间分辨率（h）	时间范围
ERA5	欧洲	0.25°×0.25°	1	1979 年至今
ERA-Interim	欧洲	0.75°×0.75°	3	1979~2018 年
CFSRv2	美国	0.2°×0.2°	6	2011 年至今
MERRA2	美国	0.5°×0.625°	1	1980 年至今
FNL	美国	1°×1°	6	1999 年至今

在大气数值模拟的过程中，由于模拟值与实际观测值并非完全一致，因此会使用数据同化的方法，使模拟值向观测值靠拢，从而得到更准确的模拟结果。早期的大气数值模拟和数据同化是在天气图的底图上按照观测点填入观测记录，由人工分析等值线（如等压线或等高线等），然后在此基础上计算出模拟网格点上的值，这种方法费时费力，甚至带有个人的主观臆断成分，称为主观分析。后来这一过程由计算机代替，不再有人工参与，分析结果相对客观，称为客观分析。同化过程也可以事先给定一个网格化

的初始场（背景场或初猜场），通过实际观测场逐步修正背景场，直到订正后的背景场逼近观测记录。

数据同化方法有逐步订正法、松弛逼近法、变分同化法和集合卡尔曼滤波等。不同的数据同化方法有各自的优劣特点，一般根据同化数据的特点及模拟对象等因素选择。此处以影响三维云场的松弛逼近法和变分同化方法为例进行说明。

（1）松弛逼近法。松弛逼近法直接通过影响半径和松弛系数同化观测数据，该方法具有效果直接、方法简单的优点。风电场监测数据可以得到最大限度地利用，不会被平滑过滤掉，同时还能满足模式的动力平衡要求。但是对于输入模式观测数据的准确性有极高的要求，因此对于输入数据的质量控制非常严格。

松弛逼近法可以分为三类：分析松弛法（Analysis Nudging），观测松弛法（Observation Nudging，Obs‑Nudging），最优松弛法（Optimal Nudging）。松弛逼近法均是基于模式基本方程

$$\frac{\partial \boldsymbol{x}}{\partial t} = F(\boldsymbol{x}, \boldsymbol{p}) \qquad (4-10)$$

式中　　$\boldsymbol{x}$——模式状态矢量；

　　　　F——模式强迫项；

　　　　$\boldsymbol{p}$——某控制矢量，如风速初始场。

加上松弛强迫项 $G(\boldsymbol{x} - \boldsymbol{x}_{\text{obs}})$ 变为

$$\frac{\partial \boldsymbol{x}}{\partial t} = F(\boldsymbol{x}, \boldsymbol{p}) + G(\boldsymbol{x} - \boldsymbol{x}_{\text{obs}}) \qquad (4-11)$$

式中　　G——松弛系数；

　　　　$\boldsymbol{x}_{\text{obs}}$——$\boldsymbol{x}$ 的观测量。

1）分析松弛法是对整个空间场的每一个格点都实施松弛调整。在实施分析松弛法之前，必须对观测（常在背景场基础之上）进行客观分析，从而得到观测格点空间场，它是与模式格点空间场一一对应的。利用整个客观分析场作为强迫场，其前提条件是客观分析场必须尽可能地反映真实天气形势。因而分析松弛法适用于较大尺度的环境背景场的数据同化，常常

用于常规气象观测数据的同化,如每 12h 一次的探空资料和每 3h 一次的地面观测数据。

2)观测松弛法是以观测点为中心,对其周围一定空间即观测影响区域之内的模式格点进行松弛调整,而在观测影响区域之外的区域不进行松弛调整。这对同化非常规观测数据很有用,如探空加密观测数据、卫星资料和雷达资料等。对于新能源场站观测数据,观测点较为稀疏,所在位置相对常规气象站所在的城郊地形更加复杂,影响的范围有限,比较适合场站观测数据的同化。

不论是分析松弛法还是观测松弛法,松弛强迫项中的松弛系数都是人为预先给定的,可以是一个固定的值,也可以是随空间分布的函数。由于松弛强迫项是人为给定的,在物理上是多余的,因此松弛系数不应该与方程中的主要决定项有相同的量级,它应该是小量,一般取与科氏力相同的量级。

3)最优松弛法与分析松弛法、观测松弛法的不同之处是其松弛系数不再是人为给定的,而是通过伴随方法确定。不过,这种松弛法由于涉及伴随方法,因此实现起来会碰到许多技术困难。目前最优松弛法处于起步阶段。相比之下,分析松弛法、观测松弛法在技术上较为成熟。

(2)变分同化法。变分同化法(Variational Method)适用于求一个系统的极大值或极小值,利用变分同化法对资料进行客观分析的过程与最小的二乘估计理论有紧密联系,主要考虑的是在简单的动力约束下,如何将空间不规则点上的观测数据插值到网格点上。

如果已知某一时刻的观测大气是 y^0,背景场 x_b,那么按照现行理论,在统计意义下某气象变量场 x 的最优估计 x^*(分析场)是

$$x^* = x_b + BH^T[HBH^T + R]^{-1}(y^0 - Hx_b) \qquad (4-12)$$

式中 B——背景误差协方差矩阵;

R——观测误差协方差矩阵;

H——观测算子,即由 x 向 y 的映射 $[H(x) + 观测误差 = y]$,可以是简单的内插算子或复杂的模式,如 y 也是状态变量,则 H 就

是差值算子。$\boldsymbol{H} = \dfrac{\partial \boldsymbol{H}}{\partial \boldsymbol{x}}$ 是观测算子 $\boldsymbol{H}$ 的切线算子。如从变分的角度产生最优估计，则引入目标函数 $J(\boldsymbol{x})$。

$$J(\boldsymbol{x}) = \frac{1}{2}(\boldsymbol{x} - \boldsymbol{x}_b)^T \boldsymbol{B}^{-1}(\boldsymbol{x} - \boldsymbol{x}_b) + \frac{1}{2}(\boldsymbol{y}^0 - \boldsymbol{Hx})^T \boldsymbol{R}^{-1}(\boldsymbol{y}^0 - \boldsymbol{Hx}) \tag{4-13}$$

为了计算 J 的极小值，可计算导数

$$\frac{\partial J}{\partial \boldsymbol{x}} = \boldsymbol{B}^{-1}(\boldsymbol{x} - \boldsymbol{x}_b) - \boldsymbol{H}^T \boldsymbol{R}^{-1}(\boldsymbol{y}^0 - \boldsymbol{Hx}) \tag{4-14}$$

当 $\dfrac{\partial J}{\partial \boldsymbol{x}} = 0$ 时，可求出 J 的最小值。此时

$$\boldsymbol{x}_a = \boldsymbol{x}_b + [\boldsymbol{B}^{-1} + \boldsymbol{H}^T \boldsymbol{R}^{-1} \boldsymbol{H}]^{-1}(\boldsymbol{y}^0 - \boldsymbol{Hx}_b) \tag{4-15}$$

式（4-12）与式（4-15）形式不同，但两者是等价的。可以根据式（4-14）计算式（4-13）的极小值。

以上的变分同化过程没有时间变量的参与，假定每次分析的时间间隔等于观测数据更新的周期，这种变分同化过程称为三维变分同化。实际上不同观测网的观测频率是不同的，定时的分析不考虑时间的变化将失去很多有用的信息。另外，大气模式在一定程度上近似实际大气，它提供的时间演变信息也不应忽略。从初始化的角度考虑，模式的初值也应与模式协调一致。基于以上原因，提出四维变分同化，其基本思想是调整初始场，由此产生的模拟在一定时间区间（同化窗口）τ 内，使模拟场与观测场距离最小。四维变分同化的目标函数可以表述为

$$J(\boldsymbol{x}) = \frac{1}{2}(\boldsymbol{x}_0 - \boldsymbol{x}_b)^T \boldsymbol{B}^{-1}(\boldsymbol{x} - \boldsymbol{x}_b) + \frac{1}{2}\int_0^\tau [\boldsymbol{y}^0 - \boldsymbol{H}(\boldsymbol{x}_t)]^T \boldsymbol{R}^{-1}[\boldsymbol{y}^0 - \boldsymbol{H}(\boldsymbol{x}_t)]\,\mathrm{d}t \tag{4-16}$$

此处 $\boldsymbol{x}_0 = \boldsymbol{x}(0)$，$\boldsymbol{x}_t = \boldsymbol{x}(t)$，$\boldsymbol{x}(t)$ 是由下面的模拟产生的解

$$\frac{\partial \boldsymbol{x}}{\partial t} = F(\boldsymbol{x}), \quad 0 \leqslant t \leqslant \tau \tag{4-17}$$

变分同化法的精度依赖于 $\boldsymbol{B}$ 和 $\boldsymbol{R}$ 两个误差协方差矩阵。每次同化时，需要结合观测场与 $\boldsymbol{R}$、网格化背景场与 $\boldsymbol{B}$ 得到该次模拟的初始场，因此对 $\boldsymbol{B}$ 矩阵的依赖性较大。以中尺度气象模式 WRF 为例，该模式针对 GFS 背景场给出了全球通用的 $\boldsymbol{B}$ 矩阵，但因各地区气候地形存在差异，一般在做

变分同化时需针对当地数据统计适合的 **B** 矩阵。通常需针对不同的背景场数据、观测数据等做数月的统计，才能得到具有更具代表性的 **B** 矩阵。另外，风电场的地形多样，有地形单一的平原地区，也有地形复杂的山区和丘陵。地形复杂地区的风电场监测数据局部地区变化性很强，在进行 **B** 矩阵统计时可能被平滑过滤掉，也可能在变分同化过程中当作奇异点删除，因此变分同化法通常用于数据量较多的常规气象站数据同化或卫星数据同化，在同化风电场监测数据时具有一定的局限性。

变分同化法可以用于卫星、雷达等遥感数据的同化。变分同化方式一般分为间接同化和直接同化。间接同化首先将卫星和雷达观测到的反射信号如微波信号、光信号等进行反演，得到温度、湿度等气象要素值后，再进行这些气象要素的同化。

直接同化无需进行反演过程，而是直接将微波信号和光信号进行同化。直接同化的应用范围较广，能够更为直接地体现大气气溶胶和云等对地表辐照度的影响，它对太阳能资源模拟更具有实际效果。直接同化与间接同化在计算原理上的区别在于直接同化不计算观测算子，而是计算模式误差算子。

卫星和雷达的变分同化代表模式为辐射传输模式（Radiative Transfer Model，RTM）。RTM 是美国卫星数据同化联合中心（Joint Center for Satellite Data Assimilation，JCSD）开发的，基于传感器数据的辐射传输模式，支持 100 多种传感器，涵盖绝大多数的卫星监测数据，以及部分其他的遥感数据。辐射传输模式描述的物理过程如图 4-3 所示，RTM 考虑了云、气溶胶、大气成分、不同几何性质、传感器数据和数据传输通道，通过分析，最终可得到大气吸收、云与气溶胶的演化及地表的一些排放特征。

RTM 结构框架图如图 4-4 所示，RTM 由参数设置、微波辐射传输模块和结果输出三个部分组成，其核心部分是微波辐射传输模块，包括五个子模块：大气吸收模块、粒子吸收和散射模块、地表反射率模块、微波辐射传输模块和主被动微波模拟模块。前三个模块可分别单独计算，微波辐射传输模块和主被动微波模拟模块则需要综合考虑前三个模块的结果。由于微波在大气中的传输与太阳短波辐射类似，但是由于波长的不同，大气中

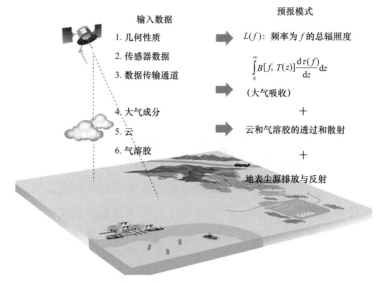

图 4-3 辐射传输模式描述的物理过程

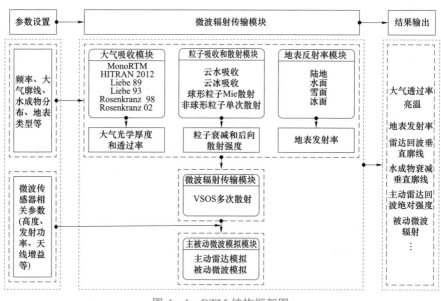

图 4-4 RTM 结构框架图

各种粒子的反射率、吸收率和散射率不同，因此微波传输信号的直接同化，是依据太阳短波和微波在同种介质中传播的区别，通过微波信号的传输特点，直接推导太阳辐射的传输过程。通过微波传输过程，首先分析微波信号反射、吸收的粒子成分、位置、粒径谱等信息，反演出三维云场，并输入常用的 WRF 模式进行同化，计算太阳辐射在云场中的传输。

RTM 可以对卫星和雷达的微波信号进行直接同化，也可以对反演后的云场信息进行同化。

4.1.3　边值条件与嵌套网格

大气在水平方向上连续且没有边界，在进行区域数值模拟时，需模拟区域足够大，才能减少人为给定大气边界对模拟结果的影响。另外，提高模式空间分辨率，也是提高模拟结果精度的重要手段。在较大范围内提高模式空间分辨率，会使计算量迅速增加。为了解决模拟效果与计算量的矛盾，引入网格嵌套技术。

网格嵌套技术是一种将关注区域处理为高分辨率，而其他模拟区域保持粗分辨率的处理技术。这种处理技术一方面增加关注区域的分辨率，另一方面降低其他模拟区域的分辨率，从而在尽量减小计算量的条件下保证关注区域模拟结果精度。典型的三层嵌套模拟区域如图 4-5 所示，该模拟区域为三层嵌套，模拟区域范围逐层变小，而模拟水平分辨率逐层变细。网格嵌套技术一般分为单向嵌套方案及双向嵌套方案。

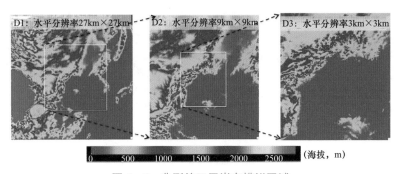

图 4-5　典型的三层嵌套模拟区域

单向嵌套方案一般先做粗网格区域的模拟，然后用粗网格模拟场作为细网格模拟的边界场进行细网格模拟，而细网格不为粗网格反馈信息。粗网格和细网格的模拟时间步长无需一致。当粗、细网格点不重合时，一般通过内插的方式求出细网格的边界值。单向嵌套方案是应用最为广泛的网格嵌套技术，一般为异模式嵌套，如利用全球模式模拟结果为区域模式提供边界条件；也可以为同模式嵌套，如关掉细网格反馈机制（参数 feedback=0）的 WRF 粗网格和细网格。

在双向嵌套方案中，首先做粗网格模拟，得到的模拟结果为细网格提供边界值；然后用细网格做模拟，得到的模拟值代替粗、细网格重合点上的粗网格值，再去做粗网格模拟。如此反复，直到模拟的终止时刻结束。使用这种方法，粗、细网格必须同时计算，计算量和存储量较大。双向嵌套方案一般为同模式嵌套，如打开细网格反馈机制（参数 feedback=1）的 WRF 粗网格和细网格。

4.1.4 物理过程参数化

大气中包含着各种尺度的过程，数值模式不可能把小于离散网格尺度（次网格尺度）的物理过程（次网格物理过程），如湍流、辐射、水汽等微气象和微物理过程细致地描述出来，主要物理过程参数化的模拟内容如图 4-6 所示。次网格物理过程是决定大气模拟精度的重要因素，它主要通过统计经验性的物理过程参数方案来表述，调整和优化模式中的参数化组合方式及修改某个具体参数，使得模式能够适应某一地区的本地气象特点，是进行大气数值模拟的重要步骤。

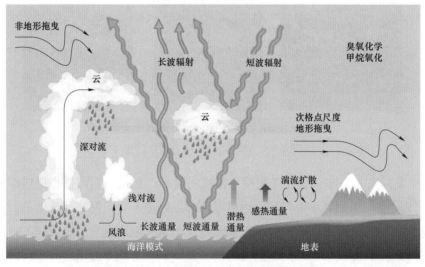

图 4-6 主要物理过程参数化的模拟内容

物理过程参数化种类较多，表4-2中列出了大气数值模式中几种常用和影响较大的物理过程。同一种物理过程在不同的气候、地形、地貌条件下可以形成很多种不同的参数化方案。

表4-2 大气数值模式中常用的物理过程

序号	物理过程	过程描述
1	积云对流过程	积云和对流形成条件、强度等
2	微物理过程	大气中不同相态水转化过程
3	长/短波辐射过程	长/短波辐射在大气中的透射、反射和吸收等
4	陆面过程	不同类型土地能量、水汽交换过程
5	边界层过程	边界层内湍流、平流能量交换过程
6	近地面层过程	表层土壤与大气的能量、水汽交换过程等

物理过程参数化的种类较多，下面以边界层参数化方案为例论述其原理。边界层参数化方案主要描述的是由近地边界层的湍流运动引起的动量、热量、水汽及污染物的输送和交换过程。该过程影响了气象要素的空间分布和时间变化趋势。边界层参数化方案的核心是湍流的描述。定义 u_1，u_2 和 u_3 分别为大气运行速度矢量 v，在 x，y，z 三个方向上的分量，大气边界层的动量、热量和湿度的湍流交换量分别表示为 $\overline{u_i' u_j'}$，$\overline{\theta' u_j'}$ 和 $\overline{q' u_i'}$（i，$j=1$，2，3，$i \neq j$），其中风场、温度场和湿度场均为它们的平均量和脉动量之和：$u_i = \overline{u_i} + u_i'$，$\theta = \overline{\theta} + \theta'$，$q = \overline{q} + q'$。借鉴于分子热传导理论，认为湍流的扩散能力只和局部地区梯度相关，则有

$$-\overline{u_i' u_j'} = K_M \frac{\partial \overline{u_1}}{\partial z} \qquad (4-18)$$

$$-\overline{\theta' u_3'} = K_H \frac{\partial \overline{\theta}}{\partial z} \qquad (4-19)$$

$$-\overline{q' u_3'} = K_E \frac{\partial \overline{q}}{\partial z} \qquad (4-20)$$

式中 K_M，K_H，K_E——涡动黏性系数。

引入混合长 l_m，假定

$$K_M = l^2 \left| \frac{\partial v}{\partial z} \right| = l_m^2 s \qquad (4-21)$$

式中　s——大气运动速度矢量垂直梯度。

对于边界层的中性层结有

$$s = \left[\left(\frac{\partial \overline{u_1}}{\partial z} \right)^2 + \left(\frac{\partial \overline{u_2}}{\partial z} \right)^2 \right]^{\frac{1}{2}}$$ （4-22）

中性层结的混合长 l_m 可以表达为随高度 z 的线性变化关系

$$l_m = \kappa z$$ （4-23）

式中　κ——卡曼常数，一般取值为 0.4 左右。

由以上系列公式即可由风场、温度场和湿度场的平均量得到大气边界层各高度上的湍流脉动量。

以 WRF 模式为例，以下介绍大气数值模式中的常用物理过程参数化方案，以及影响风能和太阳能资源模拟的敏感参数。

（1）常用物理过程的参数化方案。大气数值模式中涉及的物理过程众多且互相影响，如大气及其中的气溶胶成分会影响到达地面的太阳辐射能量，而太阳辐射能量加热地面后影响地面温度，进而影响水分蒸发、植被蒸腾，产生热力风。水分蒸发、植被蒸腾影响大气成分，大气成分反过来影响太阳辐射在大气中的传输。这些过程都将不同程度地影响大气数值模式的模拟结果。

1）微物理过程。微物理过程从微观层面描述了大气中水相态、粒径、蒸发、升华、凝华、凝结、碰并、沉降等一系列的形态演化过程，决定云的微物理结构。云的微物理结构决定着它的光学性质，从而对辐射场起到重要作用。云的微物理结构包括云水（冰）含量及云粒子的形状、大小和取向。常用的微物理过程参数化方案有 Kessler 方案（暖云方案）、Purdue Lin 方案、WSM3（WRF Single-Moment 3-class）方案、WSM5 方案、WSM6 方案、Zhao-Carr 方案（旧 Eta 方案）、Ferrier 方案（新 Eta 方案）、Thompson 方案等。

2）积云对流过程。在实际大气中，积云对流与大尺度大气环流的相互作用对大气环流与气候变化有着重要的作用。对大气环流而言，积云对流是一种次网格尺度的大气运动，只能用参数化的方法来表示。因此，积云对流对大气环流与气候变化的作用只能通过网格尺度和次网格尺度运动的相互作用来反映，积云参数化即是用大尺度变量来表示次网格尺度积云的凝结加热效应及垂直输送效应。积云在大尺度环流强迫和控制下发生后，通过其感热、潜热和动量输送等反馈作用影响大尺度环流，并在决定大气温湿场的垂直结构中起着关键的作用。

当 WRF 模式的分辨率足够高（5km 以下）时，积云对流的参数可以通过水汽方程直接计算，这一计算过程称为积云对流的显性表达，此时不再需要积云对流参数化方案。常用的积云对流参数化方案有浅对流 Eta Kain－Fritsch 方案、Betts－Miller－Janjic 方案、Kain－Frisch 方案、Grell－Devenyi 集合方案等。

3）陆面过程参数化。大气数值模式中的陆面过程处理有着非常重要的意义，如陆气间感热、潜热通量是大气热量、水汽方程的下边界，这些通量计算的准确度影响大气模式温度场和湿度场的计算精度，并进一步影响地面太阳辐射的模拟精度。陆面过程的处理也直接影响大气模式模拟近地面气象要素的质量，如地表气温、低层风场、低层云量等。另外，陆面过程与大气中其他物理过程之间还存在着各种反馈机制，如低层云影响地表辐射平衡，感热、潜热通量影响边界层交换和湿对流过程的强度等。气候敏感性研究表明，陆面特征（如反照率、表面粗糙度、植被特征和土壤质地等）的改变能够在很大程度上影响全球或区域性陆地表面的能量和水分的平衡，从而深刻地影响局部地区乃至全球的辐射平衡、大气环流和气候变化。比较常见的陆面过程参数化方案有热量扩散方案、OSU/MM5 陆面过程方案、Noah 方案、RUC（rapid update cycle）方案等。

4）边界层过程。行星边界层是大气流动和其下垫面相互作用的结果，湍流垂直交换显著。行星边界层主要的物理过程包括动量输送、热量输送、水汽输送、摩擦效应和地形强迫等，它对于地面和大气之间的动量、热量及水汽交换起着十分重要的作用。因此，在模式中对边界层过程进行参数化处理时，描述下垫面的影响十分必要。比较常用的边界层参数化方案有 MRF（Medium Range Forecast model）、YSU（Yonsei University）和 Eta MYJ（Mellor－Yamada－Janjic）等。

MRF 方案利用不稳定状态下热量和水汽的反梯度通量理论，加大了边界层垂直通量系数，且在边界层高度中考虑了临界里查逊数，适用于高分辨率模拟，其反梯度项根据 Troen-Mahrt 的计算理论，K 廓线是均匀混合，因此方案计算效率较高；YSU 方案是 MRF 方案的第二代方案，对比 MRF 增加了处理边界层顶部夹卷层的方法；Eta MYJ 方案使用了边界层和自由大气中的湍流参数化过程，可模拟湍流动能，并可计算局部地区垂直混合量。

5）近地面层过程。近地面层参数主要描述大气边界层中近地面层的大气能量交换方式和湍流交换方程的闭合方式。常用的近地面层方案有简单近地层方案、MM5 相似理论近地面层方案及 Eta 相似理论近地面层方案等。

简单近地层方案利用稳定方程计算热量、湿度和动力的地面层变化系数；MM5 方案用了 Paulson、Dyer 和 Webb 稳定性函数来计算地面热量、湿度、动力的交换系数，并用 Beljaars 提出的对流速度来加强地面热量和湿度通量，常与 MRF 或 YSU 边界层方案联合使用；Eta 方案基于 Monin-Obukhov 理论，在水面上黏性下层显式参数化，在陆地近地面层上黏性下层则考虑了变化的位势高度对温度和湿度的作用，近地面通量通过迭代进行计算，并用 Beljaars 修正法来避免在不稳定表面层和无风时出现的奇异性，常与 Eta MYJ TKE 边界层方案联合使用。此外，针对城市下垫面和湖面等还有专门的参数化设置。

（2）风能资源模拟关键参数。

1）动力参数。动力参数由一系列参数组成，包含平流拖曳、湍流交换系数、边界层湍流闭合方式等，这些参数共同决定了地表对近地面风的拖曳、湍流动能量的传输和耗散，以及高空动量的下传等过程的模拟效果。此外，WRF 模式中包含了近地面风订正参数（如 topo-wind 等），用来订正部分参数化方案在特定的地区存在的系统性偏差。

2）风电机组拖曳参数。风电机组拖曳参数是风电机组拖曳模型中针对风电场风能资源模拟的一组参数，包含风电机组轮毂高度、叶轮直径、推力系数及所在经纬度等参数，主要模拟风经过风电机组后，动能的衰减、湍流的增加与扩散等过程，可以用于模拟风电场对气候和环境的影响。

风电机组拖曳模型对置入了一个或多个风电机组的每个模式格点的能量变化进行计算，包括风电机组的逐垂直层、逐个格点上动能变化量、风速变化量。中尺度模式中风电机组拖曳模型典型的垂直层数配置如图4-7所示。

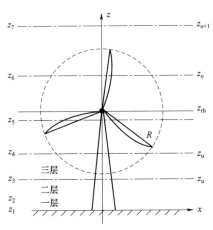

图4-7　中尺度模式中风电机组拖曳模型典型的垂直层数配置

模型中对动能变化量的描述如式（4-24）所示，在格点 i、j、k 内的动能的变化率等于该格点内因为风电机组而损失的动能

$$\frac{\partial |\boldsymbol{v}|_{i,j,k}}{\partial t} = -\frac{1}{2} \frac{P^{i,j} C_{\mathrm{T}} \left(|\boldsymbol{v}|_{i,j,k} \right) |\boldsymbol{v}|_{i,j,k}^{2} A_{i,j,k}}{z_{k+1} - z_k} \qquad （4-24）$$

式中　$|\boldsymbol{v}|_{i,j,k}$——i、j、k 格点内的标量风速；

i、j、k——x、y、z 方向坐标；

C_{T}——风速的变量推力系数（Thrust Coefficient）；

$P^{i,j}$——格点内置入的风电机组功率总和，等于风电机组个数乘以额定功率，W；

$A_{i,j,k}$——该格点内扇叶扫过的面积，m^2；

t——时间，s；

$z_{k+1} - z_k$——模式中 k 层的厚度，m。

在单位质量内，风电机组从大气中提取并将其转化为电能的能量为

$$\frac{\partial E_{i,j,k}}{\partial t} = -\frac{1}{2} \frac{P^{i,j} C_{\mathrm{P}} \left(|\boldsymbol{v}|_{i,j,k} \right) \left(|\boldsymbol{v}|_{i,j,k}^{3} \right) A_{i,j,k}}{z_{k+1} - z_k} \qquad （4-25）$$

式中　$E_{i,j,k}$——i、j、k格点上转化的能量，J；

　　　C_P——功率系数，代表被转化成有电能的大气能量占原风电场风能量的比例。

另一部分风电机组从大气中提取但却转化为湍流动能的单位质量的能量为

$$\frac{\partial \text{TKE}_{i,j,k}}{\partial t} = -\frac{1}{2} \frac{P^{i,j} C_{\text{TKE}} \left(\left|\boldsymbol{v}\right|_{i,j,k}\right)\left(\left|\boldsymbol{v}\right|^3_{i,j,k}\right) A_{i,j,k}}{z_{k+1}-z_k} \tag{4-26}$$

式中　$\text{TKE}_{i,j,k}$——i、j、k格点上转化的湍流动能，m²/s²；

　　　C_{TKE}——湍流动能系数，代表被转化成湍流动能的大气能量占原风场风能量的比例。

功率系数C_P代表被转化成有用电能的大气能量，即

$$C_P = C_T - C_{\text{TKE}} \tag{4-27}$$

使用中尺度模式尾流模型对某风电场为期数月的模拟结果显示，尾流效应损失的风速可达1m/s左右。最新的WRF模式中风电机组所在位置已经被设定为独立于模拟区域数。在实际使用该模块时，需要注意WRF模式的垂直和水平分辨率以及时间步长设置、风电机组的间距。

利用WRF风电机组拖曳参数对酒泉千万千瓦风电基地进行不同规模风电集群的排布进行模拟，模拟风电机组单机容量2.5MW，机组数量4000台，装机容量1000万kW。不同时段1、3个和10个风电场的模拟结果见图4-8～图4-11。其中图4-8为2015年2月26日0时北京时间BJT不同风电场排布情况下的风速差值场。图中蓝绿色最深处为风速减小幅度最大区，在图4-8（a）中，风电场排布是一整块矩形，风电机组尾流效应导致的风速减小最大区位于95°E附近。而在图4-8（b）中，风电场排布是三个矩形，中间有间隔，此时风电机组尾流效应导致的风速减小最大区向西移动到了东经94.5°（94.5°E）附近，可见风电机组阵列的位置改变，使得尾流效应引入的风速减小最大区位置相应改变。在图4-8（c）中，风电机组阵列平均排布在10个小矩形风电场中，风场南北两行排布，因而南北向纬度跨度稍大，在偏东北风的背景风场下，尾流效应引入的风速减小最大区位置已经向南移动到北纬40°20′（40°20′N），可见风电机组阵列位置对尾流效应的影响。模拟结果表明相同规模的风电基地，单个风电

场规模越小、排布越分散，其风速降低的幅度就越小（但风速降低的范围越大），有利于风电基地捕获更多的风能资源。

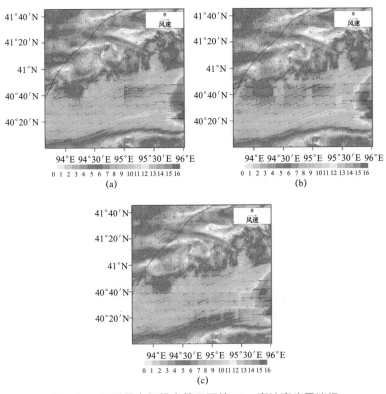

图 4-8 不同风电场排布情况下的 70m 离地高度风速场
（2015 年 2 月 26 日 11 时北京时间）
（a）1 个风电场；（b）3 个风电场；（c）10 个风电场

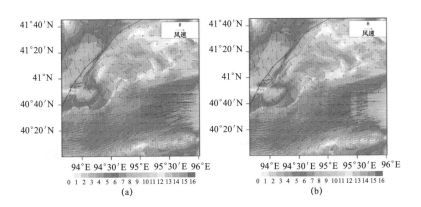

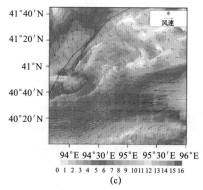

图 4-9　不同风电场排布情况下的 70m 离地高度风速场
（2015 年 2 月 26 日 20 时北京时间）
（a）1 个风电场；（b）3 个风电场；（c）10 个风电场

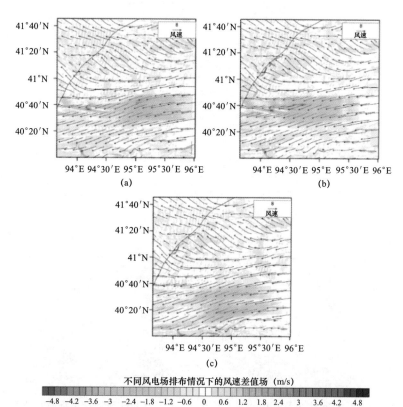

图 4-10　不同风电场排布情况下的风速差值场（2015 年 2 月 26 日 0 时北京时间）
（a）1 个风电场；（b）3 个风电场；（c）10 个风电场

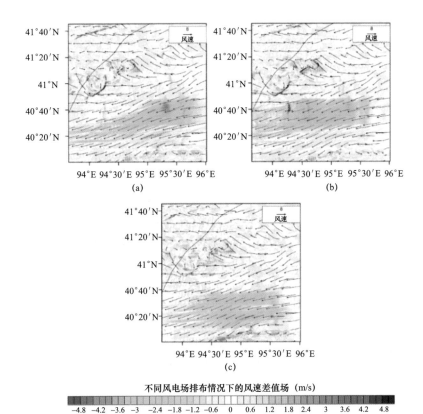

不同风电场排布情况下的风速差值场（m/s）

-4.8　-4.2　-3.6　-3　-2.4　-1.8　-1.2　-0.6　0　0.6　1.2　1.8　2.4　3　3.6　4.2　4.8

图 4-11　不同风电场排布情况下的风速差值场（2015 年 2 月 26 日 8 时北京时间）

（a）1 个风电场；（b）3 个风电场；（c）10 个风电场

（3）太阳能资源模拟关键参数。辐射传输模式是逐层计算太阳辐射经大气吸收、散射等过程后，最终到达地面的能量的模式。大气辐射过程是数值天气模式中必须考虑的重要且非常复杂的过程。大气的运动、天气现象的产生甚至长期的气候变化都与大气辐射密切相关。大气辐射主要考虑太阳短波辐射和地气长波辐射两部分，其中太阳短波辐射分成太阳辐射传输过程中通量变化和太阳辐射对地气系统的加热率两大部分。

1）大气辐射基本规律。到达物体的辐射能量，一部分会被物体吸收变成内能或其他形式的能量，一部分会被反射回去，还有一部分会透过物体，如图4-12所示。假设投射到物体的能量为 Q_0，被吸收的部分的能量为 Q_a，被反射部分的为 Q_r，被透射部分为 Q_t。依据能量守恒原理，则

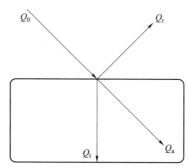

图 4-12　吸收、反射和透射示意图

$$Q_0 = Q_a + Q_r + Q_t \tag{4-28}$$

定义吸收率 $A = \dfrac{Q_a}{Q_0}$，反射率 $R = \dfrac{Q_r}{Q_0}$，透射率 $\tau = \dfrac{Q_t}{Q_0}$，则

$$A + R + \tau = 1 \tag{4-29}$$

当物体不透明时 $\tau = 0$，则有 $A + R = 1$，反射率大的物体，吸收率一定小。

吸收率、反射率和透射率的概念可以用于各种波长的辐射。对于某一波长的辐射，称为单色（或分光、谱）的吸收率、反射率和透射率，分别记为 A_λ、R_λ 和 τ_λ。

2）辐射传输方程。不同粒径和特性的粒子对不同波长辐射的吸收率、反射率和透射率是不同的。大气数值模式中，辐射传输方程的作用是将每一层大气中不同性质粒子对不同波长的太阳辐射的吸收、反射和透射作用，用数学的方法表达出来，再计算得到地面接收太阳辐射的强度。辐射传输方程中会详细计算在辐射传输方向上的单位立体角内，通过垂直该方向的单位面积、单位波长间隔的辐射功率，因此，在辐射传输方程中用辐亮度表示辐照度。

定义在 (x, y, z) 坐标点、时刻 t，由 (θ, φ) 方向射来的、通过面积 dA 和立体角 $d\Omega$、在 $d\lambda$ 范围内的辐射功率 $d\Phi$，上述特定条件下的辐亮度表

示为

$$L(x,y,z,\theta,\varphi,\lambda,t) = \frac{\mathrm{d}\Phi}{\mathrm{d}A\mathrm{d}\Omega\mathrm{d}\lambda} \qquad (4-30)$$

考虑大气水平均匀的情况下，假设一束强度为 L 的太阳辐射光，从 0 点入射，D 为观测点，则太阳入射角和观测角如图 4–13（a）所示。当太阳方位角 φ_0 和观测方位角 φ 为 0 时，则辐射模式可简化为二维模式，如图 4–13（b）所示。太阳光的入射角为 (θ_0,φ_0)，大气外界太阳单色辐照度用 $\pi F_{\lambda,0}$ 表示，观测角为 (θ,φ)，θ 表示观测方向与垂直方向夹角，φ 表示方位。某一波长 λ 的辐亮度 $L_\lambda(z,\theta,\varphi)$ 在经过一段气柱 Δl 后变化为 ΔL_λ，这是由以下四种原因引起的。

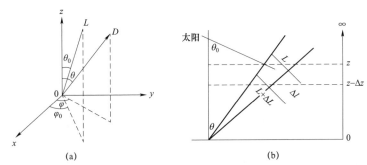

图 4–13　在一定的入射角和观测角下的大气层中辐射示意图

（a）入射角和观测角示意图；（b）大气层中辐射示意图

a）$L_\lambda(z,\theta,\varphi)$ 经气柱 Δl 后的吸收衰减；

b）由于太阳光直射到这段气柱上，气柱发出的散射光（由于大气粒子形状不规则，对太阳辐射的反射是向各个方向的，所以用散射），即一次散射；

c）气柱周围各个方向的散射光射到这段气柱上再次发生散射，即多次散射；

d）气柱 Δl 的热辐射。

上述因素用公式表示则有

$$\begin{cases} \Delta S_\lambda = L_1 + L_2 + L_3 + L_4 \\ L_1 = -L_\lambda(z,\theta,\varphi)k_{ex,\lambda}\Delta L \\ L_2 = \pi F_{\lambda,0}\mathrm{e}^{-\sec\theta_0\int_z^\infty k_{ex,\lambda}(z')\mathrm{d}z'}\beta_\lambda(z,\theta,\varphi,\theta_0,\varphi_0)\Delta L \\ L_3 = \int_0^{2\pi}\int_0^\pi L_\lambda(z,\theta',\varphi')\beta_\lambda(z,\theta,\varphi,\theta',\varphi')\sin\theta'\mathrm{d}\theta'\mathrm{d}\varphi'\Delta L \\ L_4 = B_\lambda[T(z)]k_{ex,\lambda}\Delta L \end{cases} \quad (4-31)$$

式中 L_1——$L_\lambda(z,\theta,\varphi)$ 经 Δl 气柱后的吸收衰减；

      L_2——一次散射增量；

      L_3——多次散射增量；

      L_4——热辐射项；

   $L_\lambda(z,\theta,\varphi)$——入射光强度；

     $k_{ex,\lambda}$——波长 λ 的光经过大气层的衰减系数；

     ΔL——气柱长度变化，$\Delta L = \Delta z / \cos\theta$，$\Delta z$ 为每层大气的厚度；

    $\pi F_{\lambda,0}$——大气外界太阳单色辐照度；

$\mathrm{e}^{-\sec\theta_0\int_z^\infty k_{ex,\lambda}(z')\mathrm{d}z'}$——水平分层大气中太阳直接辐射从大气顶层到达所讨论的大气的衰减；

     β_λ——散射函数；

   $L_\lambda(z,\theta',\varphi')$——各个方向到气柱的散射辐射；

    (θ,φ)——太阳光的观测方向；

      θ——观测方向与垂直方向的夹角；

      φ——观测方位；

    (θ_0,φ_0)——太阳光的入射角方向；

      θ_0——太阳光入射角方向与垂直方向的夹角；

      φ_0——太阳光方位；

      z——大气层高度；

   $(z，\theta'，\varphi')$——z 高度层一次反射或散射后光的传播方向；

      θ'——一次散射光方向与垂直方向的夹角；

      φ'——一次散射光方位；

      z'——反射光或散射光的大气层高度；

$B_\lambda[T(z)]$ ——普朗克函数；

$T(z)$ ——温度。

通过从大气层顶到地面，逐层大气中求解以上方程式，可得到地面的太阳辐照度。

该辐射传输方程是在假设大气水平均匀基础上的基本方程。实际大气数值模式中的辐射传输方程相对复杂。同时散射项和吸收项也会根据大气成分和大气过程的不同而有所差异，因此大气成分和大气物理化学过程也是辐射传输的关键因素。

3）常用的辐射传输模式。辐射传输模式可以单独使用，如美国空军地球物理实验室开发的Lowtran，SBDART等，可以依据用户给定大气廓线、成分、云量、云高等条件，或者平均状态，计算太阳短波辐射的吸收、散射和透过量；也可以用物理过程参数化方案的形式集成在大气数值模式中，如WRF V3.9版本模式中集成了8种不同的短波辐射传输方案，动态计算当前时刻大气条件对太阳短波辐射吸收、散射等作用。不同的辐射传输模式，主要区别在于光谱分辨率、大气成分、大气分层、云量及反射率和透过率等参数处理方式的不同。

美国空间地球物理实验室（Air Force Geophysics Laboratory，AFGL）用Fortran语言编写了软件Lowtran，软件Lowtran以0.5mm光谱分辨率的单参数模式计算0.20μm～∞的大气透过率、大气背景辐射、单次散射的阳光和月光辐亮度、太阳直射强度及多次散射的太阳和热辐射，增加了O_2和O_3在紫外波段的吸收参数，软件Lowtran连续考虑了连续吸收、分子、气溶胶、云、雨的单散射和吸收、地球曲率及折射对路径及总吸收物质含量的影响。Lowtran软件参考大气状态的温度（T）、气压（p）、密度（ρ）提供了6种垂直廓线，H_2O、O_3、CH_4、CO和NO_2等混合比和其他13种微量气体的垂直廓线，以及城乡大气气溶胶、雾、沙尘、火山喷发物、云、雨的廓线和辐射参数，如消光系数、吸光系数、非对称因子的光谱分布等，还包括地外太阳光谱。

辐射传输模式SBDART（santa barbara DISORT atmospheric radiative transfer）是一个用于计算晴空和云天条件下，地球大气和地面间平面平行辐射传输的软件工具。在分子吸收部分沿用了Lowtran中的大气模块，提供了0.20μm～∞的大气透过率，包含了影响紫外光、可见光和红外光辐射传输的各类重要过程，集成了复杂的离散坐标辐射传输模块、低分辨率大气透射模式和水滴冰晶的米散射结果。SBDART 模式在处理能见度参数确定气溶胶粒子密度廓线时，将大气分为 5 个高度区间：0～2km、2～4km、4～10km、10～30km、30～100km。对某一光路，大气透过率和射出辐射依赖于光路上吸收物质的含量，以及它们沿光路的分布情况，为求得这些物质的含量，假定海平面至 100km 间的大气层可以划分为一系列的球面薄层，每一层的边界对应一定的高度、气压、温度和吸收体（气体或气溶胶）密度。在薄层之间，温度是线性变化的，气压和密度呈指数形式变化，每一层都处于热力平衡状态。计算大气透过率时，除分子吸收过程外，还考虑了连续吸收、分子散射和气溶胶削弱。总透过率是以上各部分透过率的乘积。计算辐射量时，除大气本身的辐射外，还包括散射的太阳（或月亮）辐射及下垫面的辐射。

大气数值模式中以参数化方案的形式耦合辐射传输模式，将太阳短波辐射和地面长波辐射作为大气运动的主要强迫条件。WRF V3.9 版本模式耦合了 8 种短波辐射传输模式。WRF 模式的大气分层完全适应主模式的分层方式，主要考虑晴空状态各种 O_2、O_3 和 NO_2 等大气分子，以及不同相态水粒子的吸收散射和反射。WRF 模式中不同短波辐射参数化方案的区别见表 4-3，表中与 WRF-Chem 结合的方案，还考虑了 Chem 各种自然和人为排放源的尘、霾气溶胶的吸收、散射，以及粒子间复杂的物理和化学变化下消光系数的改变。随着数值模式的模拟进程，辐射传输模式可动态模拟出达到地面的太阳短波辐射，同时也会将大气吸收各种波长后的热传输过程返回给数值模式。

表 4-3   WRF 模式中不同短波辐射参数化方案的区别

序号	传输方案	应用模式	微物理参数	云量	O_3
1	Dudhia	WRF、WRF-Chem	Q_c、Q_r、Q_i、Q_s、Q_g	1/0	无
2	GSFC	WRF、WRF-Chem	Q_c、Q_i	1/0	5 种廓线
3	CAM	WRF	Q_c、Q_s、Q_i	重叠最大量	纬度/月
4	RRTMG	WRF、WRF-Chem	Q_c、Q_r、Q_i、Q_s	重叠最大量	1 种廓线或纬度/月
5	New Goddard	WRF	Q_c、Q_r、Q_i、Q_s、Q_g	1/0	5 种廓线
6	FLG	WRF	Q_c、Q_r、Q_i、Q_s、Q_g	1/0	5 种廓线
7	GFDL	WRF	Q_c、Q_r、Q_i、Q_s	1/0	纬度/日期

注 Q_c、Q_r、Q_i、Q_s、Q_g 分别表示云、雨、冰、雪、霰混合比。

WRF 模式对辐射传输模块进行了优化，发展出了 WRF–Solar 模式，加强了对太阳短波辐射的模拟效果。WRF–Solar 改进了太阳位置的算法，增加时间方程（Equation of Time，EOT）完整耦合了"气溶胶—云—辐射"模式，增加了"气溶胶—辐射""云—气溶胶"的反馈，并可同化 MADCast 系统生成的三维云场。MADCast 通过 MMR（multivariate minimum residual）方案分析卫星的红外廓线观测数据，反演云的位置、高度等信息。通过网格差值把生成云的三维网格数据同化到 WRF 模式中，并计算平流和对流，以及预测未来云的生消变化。WRF–Solar 与 WRF 的差别主要见表 4–4。

表 4–4 　　　　　　　　　　　　WRF 和 WRF–Solar 的主要差别

主要差异	WRF–Solar	WRF
太阳辐射输出参数	输出法向直射（Direct Normal Irradiance，DNI）和散射（DIF）	
	高频率的辐照度输出	
	太阳位置算法包括 EOT 算法	不包含 EOT 算法
气溶胶—辐射反馈	观测/模式的气候学统计以及时变的气溶胶量	模式气候学统计
云—气溶胶反馈	气溶胶间接影响	
云—辐射反馈	统一云粒子在辐射和微物理过程中的表述	
	浅积云对辐射的反馈	
	完全耦合"气溶胶—云—辐射"系统	没有耦合

　　综上所述，单独使用的和耦合的辐射传输模式计算原理比较类似。但是单独使用的辐射传输模式使用设定的大气成分廓线，计算过程简单，不涉及或很少涉及大气中的其他物理和化学过程，只能计算特定条件或平均状态下的辐射传输，且只能应用于太阳能资源的宏观评估。耦合的辐射传输模式是依据大气中的云量和气溶胶成分、含量动态计算到达地面的太阳能辐射，涉及大气中众多的物理和化学过程，计算过程复杂，该模式可以比较精确地模拟逐时刻的辐射过程。该模式可以应用于资源评估、功率预测等各个方面，未来应用将越来越广泛。

4.1.5　区域新能源资源模拟常用模式

对于区域新能源资源的模拟，常用气候模式和中尺度气象模式。气候模式可以一次性进行长时间（数月至数十年）的模拟或预测，一般用于新能源资源评估和中长期电量预测。中尺度气象模式，一般可以进行数天的模拟或预测，预测结果常用于短期新能源功率预测，也可以通过模拟数天后重启模式，进行长时间模拟，拼接成长期的数据进行资源评估。

（1）气候模式。气候模式一般用来预测月、季、年度的气象要素的变化趋势，因此适用于中长期电量的预测需求。气候模式和天气模式最大的不同点在于预测时间尺度不同。天气模式的预测时间尺度在10天以内时，一般仅考虑大气内部动力变化即可。而全球气候模式，则需要考虑海洋等圈层的外部强迫作用。因此气候模式一般至少要考虑大气圈和海洋圈两部分，更为完善的气候模式还要考虑冰雪圈、陆面过程、天文强迫和生物圈的作用。

气候模式分为全球气候模式和区域气候模式两种。对于区域性的电量预测来说，无需知道其他地区的气候变化趋势，只需使用区域气候模式进行本地区计算。由于选取的空间区域小，区域气候模拟计算资源消耗也较少。此外，区域气候模式的物理过程也比全球模式更加详细，包含了陆面和水文过程、边界层、云和降水、云—辐射相互作用、大气化学过程等，能够表现出风速、地表温度和降水等要素的日变化特征，这是粗分辨率的全球气候模式无法比拟的。

目前主要的区域气候模式包括美国国家大气研究中心 NCAR 开发的 REGCM（regional climate model）和 CWRF（climate WRF），意大利国际理论物理中心开发的 RegCM–ICTP，中国气象局国家气候中心开发的 RegCM–NCC，西北太平洋国家实验室研发的 PNNL–RCM 模式，中国科学院大气物理研究所开发的 RIEMS 模式等。

（2）中尺度气象模式。用于新能源资源评估的大气数值模式一般为中尺度模式，常以几十千米分辨率的全球再分析场作为驱动进行动力降尺度回算，其水平空间分辨率一般在几千米量级，能够更准确地模拟中尺度气象场的作用。中尺度气象模式能同化吸收更多的局部地区观测数据，较全球再分析更为精确，更适用于新能源资源评估。较为著名的中尺度气象模式包括美国的 WRF、MPAS 等，我国的 GRAPES–MESO（global/regional assimilation and prediction enhanced system mesoscale）等。目前，由 NCAR 研发的 WRF 模式是使用最为广泛的中尺度气象模式，通过二十余年的开发，WRF 模式具备先进的数值方法和物理过程参数化方案，同时具有多重网格嵌套能力，模拟效果较好。WRF 模式的数据同化接口较多，主流同化系统如 WRF-DA，GSI，DART 等均与 WRF 模式有接口，为局部地区数据同化带来了便利。

针对辐照度模拟，NCAR 在 WRF 模式的基础上研发了 WRF-Solar 模式，在气溶胶、云微物理、辐射的交互作用物理过程参数化方案上做了改进，可同化卫星等辐照度、地面辐照度等多类观测数据。

我国自主研发的中尺度气象模式 GRAPES-MESO，已在中国气象局实现了 $3km \times 3km$ 分辨率的业务运行，为我国各级预报员制作天气预报起到了较为重要的参考作用。随着未来的进一步推广，将更多地用于新能源资源模拟领域。

4.2 区域模拟实例分析

中国电力科学研究院有限公司引进 NCAR 的 WRF-CFDDA 模拟系统，并根据我国的气候和地形特点与 NCAR 联合对该模式进行本地化研发与改进，建立了包含整个中国区域、水平分辨率 $9km \times 9km$、时间分辨率 15min 的新能源资源模拟系统。模拟时，使用松弛逼近法连续同化我国及周边区域大量地面观测数据，并在 1988～2017 年期间进行了长时间模拟，得到了较高精度的新能源资源评估数据库。

下面以 WRF-CFDDA 模式为例，说明如何建立适用于区域资源模拟的数值模式的主要流程。

4.2.1 区域资源模式建立的流程

利用数值模式对资源进行模拟一般分为模拟区域确立、模式网格划分、数据同化法选取、物理过程参数化方案设置、资源模拟、模拟数据检验与订正等步骤。

（1）模拟区域确立。进行资源模拟的区域应参考评估区域，一般而言，为了减少模式边界对模拟数据的不利影响,模拟区域会比评估区域大一些。

模拟区域建立应注意:资源评估时使用的最内层模拟区域应比评估区域大;各层嵌套的边界应尽量避免出现复杂陡峭的地形;应考虑主要天气系统的移动方向,上游一般要留出较多的区域。

(2)模拟网格划分。模拟网格划分是把模拟区域划分成不同网格距的三维网格,分为水平和垂直两个部分,网格大小直接关系到评估精度和对计算存储的要求,因此设立网格时应综合考虑评估精度和计算的硬件资源。

水平网格决定了用于资源评估的数据分辨率,模式中横向和纵向的网格距一般是相等的。水平网格的网格距影响着模式中某些物理参数如积云对流参数的表达方式,当水平网格距小于 5km 时,积云对流参数不设置,模式区内对流云的产生和对流雨的降水量通过水汽方程直接计算得到;当水平网格距大于 5km 时,积云对流参数需要设置,模式区域内的对流云和降水可根据模式区的气候、地形等特点,选取不同的参数化方案计算得到。

模式垂直分层的多少,主要影响刻画大气垂直运动的精细程度。为了保证模式的稳定性,模式垂直分层一般遵循一定的设置规则。在满足模式稳定性规则的前提下,可依据模拟对象对模式的垂直分层进行设置,如对太阳能资源进行模拟,需要对对流层顶以下进行加密设置,就可以详细刻画对地表辐射影响最大的云、降水和气溶胶的影响;如模拟风能资源,则重点关注 300~500m 以下边界层的活动。

(3)数据同化方法选取。通常根据模拟对象和观测数据等方面对同化方法进行选取。如对卫星或雷达资料的同化,可以选择直接同化,或反演后利用变分同化。风能资源模拟,特别是场站数据较少时,利用松弛逼近比较有优势。

(4)物理过程参数化方案设置。数值模式的参数化设置应根据模拟地区的气候地貌特点和模拟对象进行设置。

模式中的物理过程参数化方案,是对模式中次网格尺度或暂时不了解具体过程的物理过程,通过参数化的方法进行描述。这种参数化过程主要是通过外场观测实验的统计分析得到,或者经过特定条件验证的经验公式得到,所以对气候环境具有一定的适用范围。在选择模式参数化方案时，可以根据气候环境条件进行选择。以 4.3 节中所述陆面过程为例，模拟中国南方温暖多雨地区时，一般首先考虑 OSU/MM5 陆面过程方案，可以比较好地描述径流、植被及充足的水分蒸发所造成的感热变化；模拟我国北方地区时，有冰冻则优先考虑 Noah 方案和 RUC（rapid update cycle）方案，这些方案可以模拟积雪与冻土的消融作用对陆面能量的影响。但是，根据气候环境条件进行选择的方法一般受限于参数设置者对当地气候环境的分析和参数设定的经验，不够客观，因此当某些参数方案适用场景比较接近时，就无法有效进行判别。

大气运动、大气与水、土壤和地表植被的互相作用是复杂的过程。不同的物理过程，均选择气候和环境适用性较好的参数化方案，组合在一起时，可能没有使各种参数化方案的优势叠加增大，反而是减少了优势，出现较差的模拟结果。这时常用参数敏感性试验来选择和优化模式参数设置。

参数敏感性试验是个漫长的过程。选取某个物理过程的最优参数化方案时，需要固定其他物理过程参数化方案，对该物理过程的各个方案进行试验，并依据试验结果选出该物理过程的最佳方案。然后对其他物理过程选出的最优方案进行组合，再次进行数值试验。如果试验结果较差，则依据模式结果调整个别参数化方案，从而得到较好的组合结果。严格的参数化敏感性试验需要对每个物理过程参数化方案进行模拟，所需时间较长，因此通常只对主要的物理过程参数化方案进行敏感性试验，对影响较少的参数通过气候分析和经验进行选定。

（5）资源模拟。资源模拟指的是在确定了数值模式的模拟区域及参数方案、同化方案之后，以观测数据和全球网格化的历史再分析模拟数据为输入数据，对一定时间段内大气运动和物理演变过程进行计算的过程。该模拟对计算和存储资源有较高的要求，将得到网格化的风速、风向和辐照度等模拟数据。

（6）模拟数据检验与订正。资源模拟数据应利用观测数据进行检验，当精度满足要求时，可以进行新能源资源评估。进行模式数据检验时，要求检验数据越多越好，且在区域分布上能均匀覆盖整个模拟区域，但是实际获得的观测数据较少，因此应在有限的数据中选择尽可能覆盖区域气候、地形、地貌等代表性的场站进行检验。为了避免数值模拟的季节性差异误差，通常利用新能源场站整年的观测数对数据进行验证，这也是新能源场站建站时要求风速观测超过 1 年的原因。

检验的参数主要有平均误差、平均绝对误差、相关系数、均方根误差等。

选择甘肃省瓜州、吉林省白城、河北省张北和江苏省盐城地区 4 个场站作为不同气候和地形的代表，对我国主要风能开发区风能资源的模拟结果进行验证。模拟风速与气象站观测风速具有较好的相关性，月平均风速误差不超过 0.6m/s，均方根误差在 0.6～1.5m/s 之间，可以代表真实的风速。全国平均风速检验曲线如图 4-14 所示。全国代表站标准误差检验如图 4-15 所示。

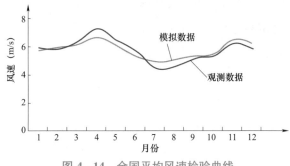

图 4-14　全国平均风速检验曲线

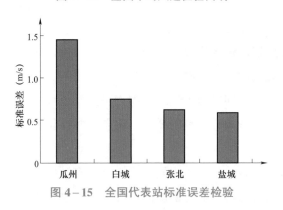

图 4-15　全国代表站标准误差检验

如果检验结果表明数据模拟的结果不满足数据使用要求，则需要进行数据订正。通过一定的数学方法进行数据订正，可进一步减少数据模拟结果的误差，使资源评估更加准确。通常可根据数据条件、气候特点、误差特点等因素，利用一元回归、多元回归、神经网络等方法进行订正。图 4-16 为华北地区某风电场的模拟风速和观测风速的散点图，图中模拟风速与观测风速的相关性较好，但存在明显的负系统偏差。利用多元回归法（订正方法 1）和一元回归法（订正方法 2）进行订正的结果如图 4-17 所示，两种方法订正后数据的系统性偏差得到很好纠正。另外，夏季天气比较复杂，利用多元回归比一元回归的订正效果略好。订正后的风速频率分布，也与实际的更加接近，订正前后的风速分布如图 4-18 所示。

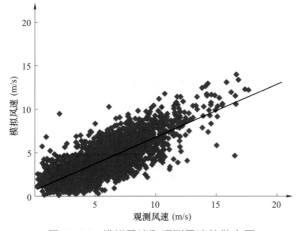

图 4-16　模拟风速和观测风速的散点图

图 4-17　两种不同订正方法的订正结果

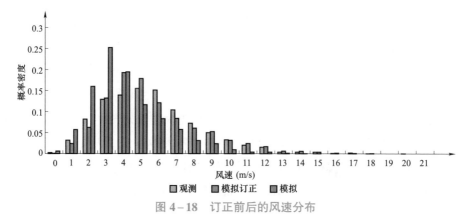

图 4-18　订正前后的风速分布

综上，利用中尺度气象模式进行降尺度后，网格点与风电场的距离比较接近，风速大小和变化趋势比较接近。大多数场站的风速相关性系数、分布趋势和均值大小可以代表风电的资源状况。个别风电场由于地形等原因，模拟结果可能存在比较大的系统误差，可通过数学订正方法，对数据进行订正使其满足精度要求。随着中尺度模式精度的提高，不通过数据订正的情况下模拟结果也可完全满足资源评估的精度要求，此时，场站建立初期无需建立资源监测设备进行不小于 1 年的资源监测，场站建设周期将缩短。

4.2.2　区域新能源资源模拟结果

通过资源的长期模拟，可以得到模拟区域内每个格点处风能、太阳能资源的长期资源序列。长期风速模拟数据和观测数据曲线如图 4-19 所示，通过对每个格点长时间序列进行统计平均，可以得到新能源资源在区域内的分布，为进行资源评估提供数据基础。

影响新能源资源区域分布的因素很多，但总体表现为：风能资源受地形、地貌等因素影响明显，表现出较强的局部地区性；而太阳能资源受大尺度的气候、地形因素影响较为明显，但较小范围内，局部地区性不明显。

（1）风能资源特性。在我国范围内，受地形影响，青藏高原、黄土高原、云贵高原、天山山脉、太行山脉等地形较高的地区风能资源丰富；东南沿海受海风影响、蒙古东部常年受高压的影响，风能资源也比较丰富。

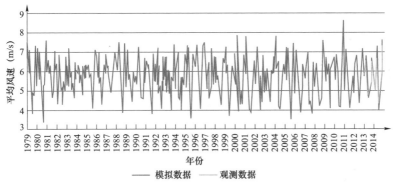

图 4-19　长期风速模拟数据和观测数据曲线

在较小区域范围内，风能资源受地形的影响更为明显，图 4-20 和图 4-21 分别为张北地区地形图和 70m 的平均风速模拟结果分布图。张北地区地形为东南高西北低的走势，东南部桦皮岭为全县最高点，海拔 2128m；北、中部地势平坦，向西北渐低，安固里淖为最低点，海拔 1300m。区域内的风速与地形表现出相同的变化趋势。

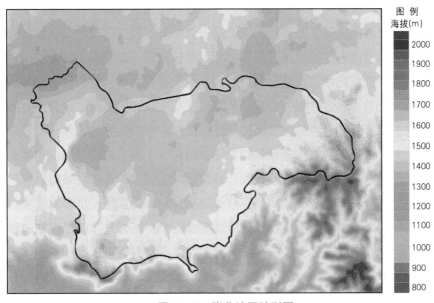

图 4-20　张北地区地形图

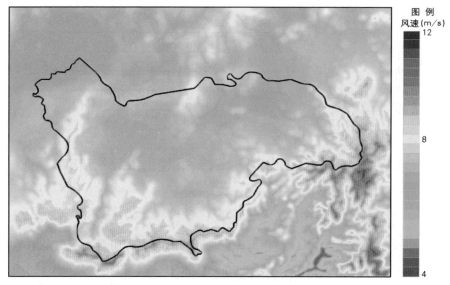

图4-21　张北地区70m平均风速模拟结果分布

（2）太阳能资源特性。在我国范围内，由于气候和地形的影响，太阳能资源的分布并没有严格受经纬度的影响，呈现出南多北少的趋势。西北受干旱气候影响，比同纬度的东部地区，太阳能资源更丰富，由于长江流域阴雨天气较多，太阳能资源反而不如华北地区丰富。宁夏自治区光伏电站位置与区域年平均总辐照度如图4-22所示。

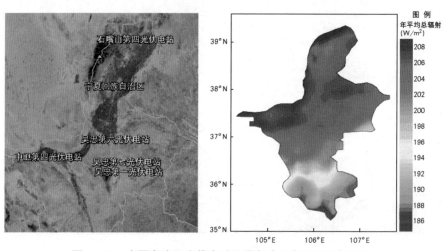

图4-22　宁夏自治区光伏电站位置与全区年平均总辐照度

在较小的范围上，太阳能资源受地形等影响较弱，如宁夏自治区中卫第四光伏电站和吴忠地区的光伏电站的距离超过 100km（见表 4-5），而年平均辐照度相差不到 $5W/m^2$，相关性系数可达到 0.86～0.93。宁夏测光数据相关性系数分析见表 4-6。北部石嘴山光伏电站与中卫和吴忠两地的光伏电站相距超过 200km，地形差距较大，年平均辐照度相差 $10W/m^2$，相关性系数超过 0.75。

表 4-5　　　　　　　　　　宁夏自治区光伏电站之间的距离　　　　　　　　　　km

场站	石嘴山第四光伏电站	吴忠第一光伏电站	吴忠第六光伏电站	吴忠第七光伏电站	吴忠第十一光伏电站	中卫第四光伏电站
石嘴山第四光伏电站	0	176	145	176	190	210
吴忠第一光伏电站	176	0	38	2.8	19.4	120
吴忠第六光伏电站	145	38	0	36	41	103
吴忠第七光伏电站	176	2.8	36	0	17.5	116
吴忠第十一光伏电站	190	19.4	41	17.5	0	103
中卫第四光伏电站	210	120	103	116	103	0

表 4-6　　　　　　　　　宁夏自治区测光数据相关性系数分析

场站	石嘴山第四光伏电站	吴忠第一光伏电站	吴忠第六光伏电站	吴忠第七光伏电站	吴忠第十一光伏电站	中卫第四光伏电站
石嘴山第四光伏电站	1.00	7678.00	0.81	0.78	0.75	0.79
吴忠第一光伏电站	0.77	1.00	0.91	0.96	0.89	0.89
吴忠第六光伏电站	0.81	0.91	1.00	0.92	0.89	0.91
吴忠第七光伏电站	0.78	0.96	0.92	1.00	0.93	0.90
吴忠第十一光伏电站	0.75	0.89	0.89	0.93	1.00	0.86
中卫第四光伏电站	0.79	0.89	0.91	0.90	0.86	1.00

风能和太阳能资源的特性使风能、太阳能资源评估时，方法和步骤略有不同。一方面，风能资源分布受地形影响明显，局部地区效应比较强，因此资源评估时水平分辨率较高的数据，可以获得更为客观的评价结果。另一方面，在风电场建设初期进行资源评估时，建塔观测尤为重要，而在《光伏发电站设计规范》（GB 50797—2012）中，光伏电站建设前期未明确规定安装测光设备，所以很多光伏电站建设初期并无测光数据。

4.3 场站资源模拟

如 4.2.2 分析，太阳能资源的局部效应较弱，100km 内的相关性较好且平均辐照度变化不大，光伏电站内不同区域的资源差异性更小，可忽略不计，所以场站资源模拟主要针对风电场的风能资源模拟。通过计算流体力学模拟场区内风能资源的分布，是比较科学的方法。但受计算条件及高度专业技术的限制，目前用于风能资源评估的计算流体力学模式多是在稳态情况下进行风况模拟。在实际操作中，诊断模式也是比较常用的场站资源模拟方法，诊断模式对大气条件进行高度简化，然后利用已知的风速、风向和简单的映射关系求得未知的风速、风向。

4.3.1 诊断模式

线性诊断模式是依据特定的大气假设条件，将复杂的大气运动，用简单的判断条件进行计算分析的方法，通常以测风塔观测数据或中尺度数值模拟结果，作为输入数据。依据判断条件的类型，可分为线性诊断模式和物理诊断模式，分别以软件 WAsP 和 CALMET 为例介绍两种诊断模式的基本原理。

4.3.1.1 线性诊断模式

WAsP 是比较成熟的商业化软件，由丹麦瑞索实验室开发，主要功能包含场站内资源计算、风电机组选型、场站布局设计以及年电量计算等。WAsP 计算场站内风资源的核心理论是准地转近似下的地转拖曳定律。

根据准地转近似，可将大尺度系统下由简化运动方程计算得到的地转风作为自由大气中实际风的近似，如果忽略热成风的作用，可认为地转风

在大尺度系统中保持不变，且维持水平匀速直线运动，地转风速的水平分量可以表示为

$$\begin{cases} u_g = -\dfrac{1}{f\rho}\dfrac{\delta p}{\delta y} \\[2mm] v_g = \dfrac{1}{f\rho}\dfrac{\delta p}{\delta x} \end{cases} \tag{4-32}$$

式中　ρ——空气密度，kg/m^3；

　　　f——科氏力，N；

　　　p——大气压，hPa；

　　x, y——水平方向分量，m；

　(u_g, v_g)——地转风速分量，地转风在大尺度系统中保持不变的特点，使得地转风可作为联系大气边界层中不同位置风速、风向的桥梁。

地转风被认为是大气边界层中气流运动的驱动力，可根据地转拖曳定律建立地转风速 v_d 与近地面层特征量（摩擦速度 u_* 与地表粗糙度 z_0）的关系为

$$v_d = \frac{u_*}{\kappa}\sqrt{\left[\ln\left(\frac{u_*}{fz_0}\right) - A\right]^2 + B^2} \tag{4-33}$$

式中　v_d——地转风速；

　　　u_*——摩擦速度，表示因湍流作用导致的水平运动的向下输送；

　　　z_0——地表粗糙度；

　　　κ——卡曼常数；

　　　f——地转参数，取值与纬度有关，中高纬度地区可认为 $f \approx 10^{-4}\,rad/s$；

　　A, B——经验常数，A 与 B 依赖于大气层节稳定度，在中性层结下有 $A = 1.8$，$B = 4.5$。

考虑科氏力的作用，摩擦力随高度升高不断减小，导致地转风与地表风的风向存在夹角，可用式（4-34）计算风向夹角

$$\sin\alpha = \frac{-Bu_*}{\kappa|v_\mathrm{d}|}$$

(4-34)

式中　α——地转风与地表风风向夹角。

如果定义了某地区的地表粗糙度，根据大气观测，由式（4-32）求得了该地区的地转风速分量，那么就可由式（4-33）求得摩擦速度 u_*。利用对数风廓线与式（4-34）求得近地层任意高度的风速、风向，从而可以评价该地区不同高度的风能资源状况。此外，若已知某位置的风速、风向，并定义了该区域的有效粗糙度，则可由对数风廓线求得摩擦速度 u_*，再由式（4-33）与式（4-34）求得地转风速，若认为地转风速在大尺度范围内保持不变，则可由地转风速来求得其他位置的风速、风向情况，实现测风数据的外推。

综上所述，对 WAsP 诊断模式进行了众多假设：首先，大气层结中性，大气轮廓线满足对数风廓线。其次，大气在自由层顶满足（准）地转近似，大气匀速直线运行。这些假设条件苛刻，适用范围窄，因此只能在较小范围内、平坦地形下、平均状态下，计算场区内风能资源分布情况，而较大范围、复杂地形条件下或计算某时刻的风速，则会产生较大的误差。

4.3.1.2　物理诊断模式

CALMET 是美国环境能源保护署（Environmental Protection Agency，EPA）推荐的一个网格化的复杂地形风场物理诊断模式，是 CALPUFF 模式中的气象数据处理模块。CALPUFF 是非稳态拉格朗日烟团模型系统，可模拟三维流场随时间和空间发生变化时污染物在大气环境中的输送、转化和清除过程。CALMET 将多种气象数据集合起来并根据地形和气象学基本原则对数据进行诊断计算，从而产生高分辨率格点化的三维气象数据供 CALPUFF 模式计算污染物的扩散与沉降。中国气象局在风能资源评估过程中，使用了 CALMET。

CALMET 利用质量守恒原理对风场进行动力诊断，主要考虑了地形对近地层大气的动力效应，并采用三维无辐散处理消除插值产生的虚假波形。主要原理是假设地形作用产生的垂直气流速度 w 与气流辐合、辐

散的关系为

$$w = (vh_t) \exp(-kz) \quad\quad (4-35)$$

$$k = \frac{N}{|v|} \quad\quad (4-36)$$

式中　v——模式网格平均风速；

　　　h_t——地形高度；

　　　z——距地面的高度；

　　　k——与稳定度相关的衰减系数；

　　　N——布伦特—维塞拉频率。

斜坡气流速度 S 的计算方法为

$$S = S_e \left[1 - \exp(-x/L_e)\right]^{1/2} \quad\quad (4-37)$$

式中　S_e——斜坡气流的平衡风速；

　　　L_e——平衡尺度。

障碍物阻挡的热力和动力效应用局部地区弗劳德数来衡量，局部地区弗劳德数 Fr 表示为

$$Fr = \frac{V}{N \Delta h_t}, \ \Delta h_t = (h_{\max})_{i,j} - (Z)_{i,j,k} \quad\quad (4-38)$$

式中　Δh_t——障碍物的有效高度。

如果局部地区弗劳德数不大于临界弗劳德数且网格点上有上坡的分量，则风向就调整为与地形的切线一致，风速不变，如果大于临界弗劳德数，就不进行调整。

通过地形和大气稳定度，CALMET 诊断复杂地形下风速和风向的变化情况。综合考虑了动力和热力的因素，计算量小，精度较高。属于较专业的气象软件，但推广难度比较大。

4.3.2　计算流体力学模式

计算流体力学模式的核心方程组建立在质量守恒定律、牛顿第二定律和能量守恒定律的基础上，即 Navier-Stokes 方程组。

与中尺度的大气方程组相比，减少了水汽方程和大气状态方程等。模式可模拟任何流体（包括气体和液体）的流动过程以及热量的传输，因此

被广泛应用于船舶、飞机、风电机组叶片和汽车等制造业中，也被用于模拟百米甚至十米量级的大气运动，可以体现出微地形对风场的强迫作用，因此常用于风电场的精细化风能资源评估中。

计算流体力学模式与中尺度数值模式相比，很少考虑物理过程。由于分辨率很高，可将中尺度模式中通过参数化方案描述的次网格运动，如湍流能量传输过程等进行显性描述，因此可以比较细致地描述大气在地形作用下的运动过程，提高中小尺度天气系统或复杂地形条件下风速的模拟精度。

在风电场设计和微观选址方面已存在一些商业化的软件，它们集成了计算流体力学模式计算、资源统计分析、电量计算和经济分析等模块，如WindSim、Meteodyn WT 等。

WindSim 软件是挪威 WindSim 公司开发的场站风能资源评估和风电场设计软件，利用计算流体力学模式作为风场模拟工具，适合复杂地形的风能资源评估。WindSim 软件包含地形模块、风场模块、对象模块、结果模块、风资源模块、能量模块，实现风电场地形分析、风场模拟、风能资源统计分析、风电机组选型与布局，以及电量计算等功能，完成风电场的微观选址与设计。

Meteodyn WT 是法国美迪顺风公司（Meteodyn）开发的一款针对复杂地形的风能资源评估软件。Meteodyn WT 可利用多个测风塔数据综合模拟场区的风场特性。与一般只考虑地形作用的计算流体力学模式相比，加入了在热力作用下大气稳定度等因素，因此对于海陆交界等热力特性差异较大的下垫面，也有较好的模拟效果。在功能上，Meteodyn WT 可以实现风电场风能资源评估和风电场设计的功能。

4.3.3 尾流模拟

风电机组尾流效应是发生在风电机组下游的风速减少和湍流增加的情况下。在风电机组数量较多的项目中，尾流效应通常会使总发电量减少3%～15%，是风电场微观选址时应考虑的影响因素之一。为了保持这个损耗可控，主导风向上风电机组间距应不少于 6 倍叶轮直径。此外，尾流引起的湍流经常会引起风电机组不断磨损，风电机组布局时，下风向的风电机组尽量避开上游风电机组的影响。

常用的风电机组尾流模型有 Jensen 模型和 Larsen 模型。

4.3.3.1　Jensen 模型

Jensen 模型是最简单、使用最为广泛的尾流模型，其假定尾流直径线性扩张。该模型将下风向尾流区域切割成与叶轮面平行的平面，设风电机组叶轮平面 T，计算平面为 S，S 到 T 的距离为 x，则平面 S 内的风速均一，且是与 x 相关的函数，Jensen 模型如图 4−23 所示。

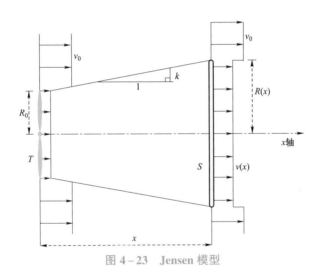

图 4−23　Jensen 模型

根据 Jensen 模型，针对任意 T–S 平面距离 x，可计算尾流影响半径 $R(x)$ 及 S 平面内风速 $v(x)$。

$$R(x) = R_0 + kx \qquad (4-39)$$

$$v(x) = v_0 \left[1 - \left(1 - \sqrt{1 - C_\mathrm{T}} \right) \left(\frac{R_0}{R_0 + kx} \right)^2 \right] \qquad (4-40)$$

式中　R_0——风电机组轮毂半径；

$\quad\quad C_\mathrm{T}$——风电机组推力系数；

$\quad\quad k$——尾流扩张系数；

$\quad\quad v_0$——来流风速，未受尾流影响区域的平均风速；

x ——计算平面到风电机组叶轮平面的距离，且 $x \geqslant 0$；

$R(x)$ ——风电机组下风向，与风电机组叶轮平面距离为 x 的平行平面中，风电机组尾流扩张半径；

$v(x)$ ——风电机组下风向，与风电机组叶轮平面距离为 x 的平行平面中，尾流扩张半径内的风速。

4.3.3.2 Larsen 模型

Larsen 模型基于普朗特湍流边界层方程的渐近表达式，也是一种广泛使用的尾流模型。该模型假定下风向不同位置的风速衰减具有相似性，但与叶轮平面平行的平面内各点的风速并不相同。设计算点 P 到风电机组叶轮平面 T 的垂直距离为 x，到风电机组叶轮轴线的垂直距离为 y，则 P 点的风速是与 x、y 相关的函数，Larsen 模型见图 4-24。

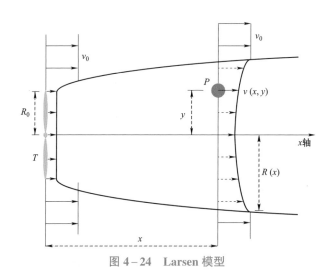

图 4-24　Larsen 模型

根据 Larsen 模型，可计算 P 点的风速 $v(x, y)$ 及 P 点所处垂直平面内的尾流影响半径 $R(x)$。

$$R(x) = R_0 + \left(\frac{35}{2\pi}\right)^{\frac{1}{5}}(3c_1^2)^{\frac{1}{5}}(C_T A x)^{\frac{1}{3}} \tag{4-41}$$

$$v(x,y) = v_0 \left\{ 1 - \frac{1}{9}(C_T A x^{-2})^{\frac{1}{3}} \left[|y|^{\frac{3}{2}} (3c_1^2 C_T A x)^{-\frac{1}{2}} - \left(\frac{35}{2\pi} \right)^{\frac{3}{10}} (3c_1^2)^{-\frac{1}{5}} \right]^2 \right\}$$

$$(4-42)$$

式中　R_0、C_T、v_0、$R(x)$ —— 与式（4−39）和式（4−40）说明一致；

A —— 风电机组叶轮的扫风面积；

c_1 —— 无量纲混合长度，表示为 $c_1 = l(C_T A x)^{-\frac{1}{3}}$，$l$ 是 Prandtl 的混合长度；

x —— 计算点到风电机组叶轮平面的垂直距离，且 $x \geqslant 0$；

y —— 计算点到风电机组轴线的垂直距离，且 $y \leqslant R(x)$；

$v(x,y)$ —— 风电机组下风向尾流区域内，与风电机组叶轮平面距离为 x，与风电机组轴线距离为 y 的点位处的风速。

可见，微小尺度中风电机组尾流模型是直接计算风经过单个风电机组后尾流的形状及不同距离风速的减少情况，而中尺度模式中风电机组拖曳参数是整体考虑每个网格中所有风电机组由于拖曳作用对风速产生的影响。

4.4　场 站 资 源 模 拟 实 例

风电场风能资源的模拟结果具有很高的分辨率，对地形也更为敏感。WAsP 对某风电场场区的风能资源模拟结果如图 4−25 所示，WAsP 对地形起伏剧烈的山地模拟结果效果不太理想，这也是在新版本 WAsP 中加入计算流体力学模式的主要原因。

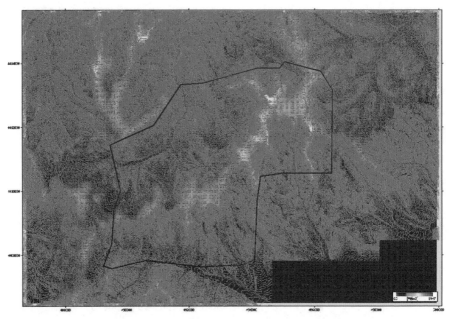

图 4 – 25　WAsP 对某山地风电场资源的模拟效果

第 5 章

新能源资源评估

本章从区域和场站两个角度介绍基于资源模拟数据的新能源资源评估主要流程，以及评估过程中采用的主要计算参数和指标，并以风能资源评估为主进行介绍。太阳能资源评估过程中遇到的特殊步骤和指标将进行单独说明。

5.1 区域新能源资源评估流程

区域资源评估主要是对区域新能源资源的储量、技术可开发量、经济可开发量进行评估，并进行宏观选址，主要包括数据收集、数值模拟和资源评估三个步骤。

5.1.1 数据收集

区域资源数据的收集，主要包含所评估的区域位置信息、资源观测数据、全球网格化的再分析数据、地形地貌数据和区域内电网、交通等信息。

（1）区域位置信息。区域位置信息一方面确定资源评估的范围、重要的拐点坐标等，为收集其他资料提供基础，另一方面用于确定资源模拟范围。

（2）资源观测数据。资源观测数据来源包含各类气象站观测数据、场站观测数据、卫星观测数据等，要素包括风向、风速、辐照度、温度、湿度、气压等，主要用于模式数据验证及同化等。

（3）全球网格化的再分析数据。全球网格化的再分析数据由全球数值模式模拟产生，常用的全球再分析资料见表 4-1。由于再分析数据的分辨率往往较低，格点离风电场的距离可能较远，所以在要求不高的情况下可以用来做区域或场站的资源评估。为了得到更为精细的资源数据，通常会在再分析数据的基础上进一步降尺度。本书中全球网格化的再分析数据一般用来做风能、太阳能资源降尺度模拟的输入数据。

（4）地形地貌数据。在区域资源评估过程中，地形地貌数据一方面用于资源的模拟分析，另一方面用于提出不可开发土地类型，以及可开发资源的计算。

（5）区域内电网、交通等信息。区域内电网、交通等信息直接影响新能源场站的开发建设及新能源消纳，这些信息主要用于新能源场站的选址阶段。

5.1.2　数值模拟

数值模拟是指基于调研地区的气候、地形特点划定资源模拟区域，依据模拟对象和观测数据类型选取资料同化方法，通过参数敏感试验设置最优参数化方案组合，建立区域资源模拟模式，对区域内的资源进行长期模拟的过程。详细过程见第4章4.4相关内容。

5.1.3　资源评估

资源评估，即根据以上的区域风速、辐照度，以及温度、湿度和气压等数据进行统计和分析，得到区域内资源总储量、技术可开发量、经济可开发量及场站宏观选址方案。

5.2　区域新能源资源评估指标

参考我国和国际资源评估相关标准及 NREL、IRENA 等国际机构对区域新能源资源评估的研究结果，区域新能源资源评估指标主要有资源等级、资源总储量、可开发量、宏观选址等。

5.2.1　资源等级

5.2.1.1　风能资源等级

在进行区域资源评估时，常常计算平均风速、平均风功率密度等参数，按照等级进行划分，作为评估依据。

平均风速 $\bar{v}$ 即统计时段内风速的平均值，计算公式为

$$\bar{v} = \frac{1}{n}\sum_{i=1}^{n} v_i \tag{5-1}$$

式中　v_i——第 i 个风速样本，m/s；

　　　n——样本个数。

根据《全国风能资源评价技术规定》中对风功率密度计算方法规定，年平均风功率密度 D_{WP} 为

$$D_{WP} = \frac{1}{2n} \sum_{k=1}^{12} \sum_{i=1}^{n_k} (\rho_k v^3_{k,i})\qquad(5-2)$$

式中　n——计算时段内风速样本个数；

　　　ρ_k——月平均空气密度，kg/m^3，$k = 1,\ 2,\ \cdots,\ 12$；

　　　n_k——第 k 个月的观测小时数；

　　　$v_{k,i}$——第 k 个月（$k = 1,\ \cdots,\ 12$）风速序列，m/s；

　　　i——风速样本序号。

平均风功率密度应是设定时段内逐小时风功率密度的平均值，不可用年平均风速计算年平均风功率密度。式（5-2）中的 ρ_k 必须是各月平均空气密度值。在平均风功率密度计算中，需要用到空气密度。以下为空气密度计算的推导过程。

气体状态方程

$$p = R\rho T\qquad(5-3)$$

根据气体状态方程，方程可变形为

$$\frac{p}{\rho T} = R = \frac{p_0}{\rho_0 T_0}\qquad(5-4)$$

根据等式两边的关系，可推导出大气密度计算公式为

$$\rho = \rho_0 \times \frac{p}{p_0} \times \frac{T_0}{T}\qquad(5-5)$$

式中　p——大气压力，kPa；

　　　p_0——标准状态下大气压力（$101.33kPa$）；

　　　T——大气热力学温度，K；

　　　T_0——0℃对应的热力学温度（0℃＝273.15 K）；

　　　ρ——大气密度，kg/m^3；

　　　ρ_0——标准空气密度（$1.293kg/m^3$）；

　　　R——气体常数 [287.04J/（K·kg）]。

根据中国气象局给出的不同层高的平均风速和平均风功率密度标准进行级别划分（见表 5-1），可评估一个地区风能资源丰富程度是否适合规划风电基地。根据风能资源等级越高、开发成本越低的原则，对风能资源的开发时序进行规划。

表 5-1　风能资源等级划分表

等级	10m 高度 平均风功率密度（W/m²）	平均风速参考值（m/s）	30m 高度 平均风功率密度（W/m²）	平均风速参考值（m/s）	50m 高度 平均风功率密度（W/m²）	平均风速参考值（m/s）	60m 高度 平均风功率密度（W/m²）	平均风速参考值（m/s）	70m 高度 平均风功率密度（W/m²）	平均风速参考值（m/s）	80m 高度 平均风功率密度（W/m²）	平均风速参考值（m/s）	风能资源评价
1	<65	<3.9	<105	<4.5	<130	<4.9	<140	<5.0	<150	<5.1	<160	<5.2	或可利用
2	65~85	3.9~4.2	105~135	4.5~4.9	130~165	4.9~5.2	140~180	5.0~5.4	150~190	5.1~5.5	160~200	5.2~5.6	可利用
3	85~100	4.2~4.4	135~160	4.9~5.1	165~200	5.2~5.6	180~215	5.4~5.7	190~230	5.5~5.9	200~245	5.6~6.0	较好
4	100~150	4.4~5.1	160~240	5.1~5.9	200~300	5.6~6.4	215~325	5.7~6.6	230~345	5.9~6.7	245~370	6.0~6.8	
5	150~200	5.1~5.6	240~320	5.9~6.5	300~400	6.4~7.0	325~435	6.6~7.2	345~460	6.7~7.3	370~490	6.8~7.5	好
6	200~250	5.6~6.0	320~400	6.5~7.0	400~500	7.0~7.5	435~540	7.2~7.7	460~575	7.3~7.9	490~615	7.5~8.0	
7	250~300	6.0~6.4	400~480	7.0~7.4	500~600	7.5~8.0	540~650	7.7~8.2	575~695	7.9~8.4	615~735	8.0~8.6	
8	300~400	6.4~7.0	480~640	7.4~8.2	600~800	8.0~8.8	650~865	8.2~9.0	695~925	8.4~9.2	735~980	8.6~9.4	很好
9	≥400	≥7.0	≥640	≥8.2	≥800	≥8.8	≥865	≥9.0	≥925	≥9.2	≥980	≥9.4	

续表

等级	90m高度 平均风功率密度 (W/m²)	90m高度 平均风速参考值 (m/s)	100m高度 平均风功率密度 (W/m²)	100m高度 平均风速参考值 (m/s)	110m高度 平均风功率密度 (W/m²)	110m高度 平均风速参考值 (m/s)	120m高度 平均风功率密度 (W/m²)	120m高度 平均风速参考值 (m/s)	130m高度 平均风功率密度 (W/m²)	130m高度 平均风速参考值 (m/s)	140m高度 平均风功率密度 (W/m²)	140m高度 平均风速参考值 (m/s)	风能资源评价
1	<165	<5.3	<175	<5.4	<185	<5.4	<190	<5.5	<195	<5.6	<200	<5.6	或可利用
2	165~210	5.3~5.7	175~225	5.4~5.8	185~230	5.4~5.9	190~240	5.5~5.9	195~250	5.6~6.0	200~255	5.6~6.1	可利用
3	210~260	5.7~6.1	225~270	5.8~6.2	230~280	5.9~6.3	240~290	5.9~6.3	250~300	6.0~6.4	255~310	6.1~6.5	较好
4	260~385	6.1~7.0	270~405	6.2~7.1	280~420	6.3~7.2	290~440	6.3~7.3	300~450	6.4~7.3	310~465	6.5~7.4	
5	385~515	7.0~7.6	405~540	7.1~7.7	420~560	7.2~7.8	440~585	7.3~7.9	450~600	7.3~8.0	465~620	7.4~8.1	好
6	515~645	7.6~8.2	540~675	7.7~8.3	560~705	7.8~8.4	585~730	7.9~8.5	600~755	8.0~8.6	620~775	8.1~8.7	
7	645~770	8.2~8.7	675~810	8.3~8.8	705~845	8.4~9.0	730~875	8.5~9.1	755~905	8.6~9.2	775~930	8.7~9.3	很好
8	770~1030	8.7~9.6	810~1080	8.8~9.7	845~1125	9.0~9.8	875~1170	9.1~10.0	905~1205	9.2~10.1	930~1240	9.3~10.2	
9	≥1030	≥9.6	≥1080	≥9.7	≥1125	≥9.8	≥1170	≥10.0	≥1205	≥10.1	≥1240	≥10.2	

注 1. 年平均风速按标准空气密度 1.225kg/m³ 换算。
2. 重点参考风电机组轮毂高度附近对应的参数。

5.2.1.2　太阳能资源等级

太阳能资源等级一般按照总辐射和法向直射辐射进行划分，主要是太阳能资源的丰富程度、稳定度和直射比。

由于太阳能资源的季节变化比较显著，因此，其丰富程度一般按照年累积量，即辐射总量来衡量。依据我国的国家标准，太阳能资源丰富等级划分见表 5-2 和表 5-3。太阳能资源丰富等级越高，光伏电站的经济价值就越高，三类（丰富）或三类以上资源区，建议依据情况进行太阳能资源开发。我国一类地区（资源最丰富）主要包括青藏高原、甘肃省北部、宁夏自治区北部、新疆自治区南部、河北省西北部、山西省北部、内蒙古自治区南部、宁夏自治区南部、甘肃省中部、青海省东部、西藏自治区东南部等地；二类地区（资源较丰富）主要包括山东省、河南省、河北省东南部、山西省南部、新疆自治区北部、吉林省、辽宁省、云南省、陕西省北部、甘肃省东南部、广东省南部、福建省南部、江苏省中北部和安徽省北部等地；三类地区（资源丰富）主要包括长江中下游、福建省、浙江省和广东省的一部分地区，这些地区春夏多阴雨，秋冬季太阳能资源可利用率较高；四类地区（资源一般）主要包括四川省、贵州省两省，此地区是我国太阳能资源最少的地区。

表 5-2　　　　　　　　　　　总辐射年总量等级划分

等级名称	分级阈值 [kWh/（m²·a）]	分级阈值 [MJ/（m²·a）]	等级符号
最丰富	$G \geqslant 1750$	$G \geqslant 6300$	A
很丰富	$1400 \leqslant G < 1750$	$5040 \leqslant G < 6300$	B
丰富	$1050 \leqslant G < 1400$	$3780 \leqslant G < 5040$	C
一般	$G < 1050$	$G < 3780$	D

注　G 表示总辐射年总量，采用多年平均值（一般取 30 年平均）。

表 5-3　　　　　　　　　　　法向直射辐射年总量等级划分

等级名称	分级阈值 [kWh/（m²·a）]	分级阈值 [MJ/（m²·a）]	等级符号
一类资源区	$G_{DN} \geqslant 1700$	$G_{DN} \geqslant 6120$	A
二类资源区	$1400 \leqslant G_{DN} < 1700$	$5040 \leqslant G_{DN} < 6120$	B
三类资源区	$1000 \leqslant G_{DN} < 1400$	$3600 \leqslant G_{DN} < 5040$	C
四类资源区	$G_{DN} < 1000$	$G_{DN} < 3600$	D

注　G_{DN} 表示法向直射辐射年总量，采用多年平均值（一般取 30 年平均）。

太阳能资源稳定度用于衡量太阳能资源在一年当中的分布是否均衡，决定了光伏电站是否在一年当中有相对稳定的收入，也直接关系新能源调度的难易程度。太阳能资源稳定度通常有日照时数法和辐射总量法两种评估方法。

日照时数法是用各月的日照时数大于 6h 天数的最大值与最小值的比，即为稳定度，计算方法如下：

$$K = \frac{\max(\text{Day1，Day2，}\cdots\text{，Day12})}{\min(\text{Day1，Day2，}\cdots\text{，Day12})} \tag{5-6}$$

式中　　　　　K——太阳能资源稳定度指数，为无量纲数；

Day1, Day2, ⋯, Day12——1~12 月各月日照时数大于 6h 的天数，天（d）。

太阳能资源稳定度等级见表 5-4。

表 5-4　　　　　　　　太阳能资源稳定度等级

太阳能资源稳定度指标	稳定度
$K < 2$	稳定
$2 < K < 4$	较稳定
$4 < K$	不稳定

这种方法利用多年的总辐照度作为统计对象，日照时数统计一天内总辐照度达到或超过 120W/m² 的小时数。在气象学中，一般而言总辐照度小于 120W/m² 时认为只有散射辐射，所以日照时数大于 6h 的天数，同时反映了直射和散射都比较稳定的时间长度。

辐射总量法是计算法向直射辐射或总辐射各月平均日辐射量的多年（一般为 30 年）平均值，然后求最小值与最大值之比，作为稳定度，法向直射辐射和总辐射的稳定度等级见表 5-5。

表 5-5　　　　　　　法向直射辐射和总辐射的稳定度等级

等级名称	法向直射辐射稳定度分级阈值	总辐射稳定度分级阈值	等级符号
很稳定	$R_{WD} \geq 0.7$	$R_W \geq 0.47$	A
稳定	$0.5 \leq R_{WD} < 0.7$	$0.36 \leq R_W < 0.47$	B

续表

等级名称	法向直射辐射稳定度分级阈值	总辐射稳定度分级阈值	等级符号
一般	$0.3 \leqslant R_{WD} < 0.7$	$0.28 \leqslant R_W < 0.36$	C
欠稳定	$R_{WD} < 0.3$	$R_W < 0.28$	D

注 R_{WD} 和 R_W 分别表示法向直射辐射和总辐射的稳定度。

辐射总量法直接将法向直射辐射和总辐射的辐射量作为计算对象,更准确更有针对性。

直射比 R_D 表示水平面直接辐射年总量和总辐射年总量的多年(一般取30年)平均值的比值。直射比等级是反映一个地区太阳能资源特点的一个指标,决定了太阳能资源比较合理的开发方式或者光伏发电系统的类型等。直射比等级划分见表5-6。

表5-6 直 射 比 等 级 划 分

等级名称	分级阈值	等级符号	等级说明
很高	$R_D \geqslant 0.6$	A	直射辐射主导
高	$0.5 \leqslant R_D < 0.6$	B	直射辐射较多
中	$0.35 \leqslant R_D < 0.5$	C	散射辐射较多
低	$R_D < 0.35$	D	散射辐射主导

5.2.2 资源总储量

风能资源总储量是指在给定区域内离地面(或海面、水面)特定高度上层的风能资源总量。

在利用观测数据进行储量计算时,由于观测数据分布不均匀,需先依据站点数据,在区域画出年平均风功率密度的等值线图,然后估算各级资源的等值线包含面积,计算风能资源总储量。假设某一区域年平均风功率密度图上具有 n 个按照 50、100、150W/m^2 等分级的风功率密度等值线,那么该区域的风能资源总储量估算为

$$E_P = \frac{1}{100} \sum_{i=1}^{n} S_i D_{wp,i} \tag{5-7}$$

式中　E_p——风能资源总储量，W；

　　　　S_i——年均风功率密度等级图中各风功率密度等值线间面积；

　　$D_{wp,i}$——各风功率密度等值线间区域的年平均风功率密度代表值，如
　　　　　　年平均风功率密度等值线以 50W/m² 进行划分，则 $D_{wp,1}$ 为小
　　　　　　于 50W/m² 的代表值 25W/m²，$D_{wp,2}$ 为 50～100W/m² 的代表
　　　　　　值 75W/m² 等。

利用数值天气模拟数据进行资源评估时，区域的风能资源数据为均匀
的网格点数据，则式（5-7）中 n 为区域内网格数，S_i 为 i 网格的面积，
模式数据的网格面积跟分辨率有关，$D_{wp,i}$ 为 i 网格的年平均风功率密度。

太阳能资源总储量是一定面积区域接收到太阳辐射的总量。每个网格
的资源储量是网格点接受的辐射总量与网格面积的乘积。区域太阳能资源
总储量则是区域内所有网格资源储量的和。

储量是衡量一个地区资源总量多少的指标。一个地区新能源资源储量
除受地区资源多少的影响外，还与评估的时间段、数据源等有关系。如受
年际风能资源变化的影响，即使同样的数据源和评估方法，分别以 1990～
2000 年和 2000～2010 年为基础数据的评估结果是不同的。

5.2.3　可开发量

新能源资源的可开发量包含技术可开发量和经济可开发量。

风能资源技术可开发面积是计算风能资源技术可开发量的一个中间
量，主要作用是剔除不适宜进行风能资源开发的地形地貌地区，计算适宜
进行风电开发的地区面积。地形地理数据可用一些卫星反演数据或测绘数
据，如中国国家测绘信息中心、美国地质勘探局（United States Geological
Survey，USGS）、国际科学联合组织（International Council of Scientific
Unions，ICSU）等提供的数据。不同数据源对地貌种类的分类略有差别，
但一般分为城市、森林、草原、水体、湿地、农田、草场、沙漠、戈壁和
自然保护区等。

地理信息系统（geographic information system，GIS）是计算可开发面
积时常用的工具，可采用将各类地形数据如海拔、地貌等进行地理对标后，
剔除不符合开发条件的地形和地貌。地形通常用海拔和坡度表示，海拔超

过3500m的地方，空气密度小，风能密度低，而且一般属于高寒地区，施工难度大，一般认为不可进行风电开发。坡度反映了某一网格在垂直方向上的最大变率，坡度较大的地区也不适合风电开发。如图5-1所示，假设网格a，b，c，…，i的地形高度分别为H_a，H_b，H_c，…，H_i，d_z为网格上地形的高度变化，d_x、d_y为网格的距离变化，D_s为网格距，则网格e在x、y方向的坡度分别为

$$\frac{d_z}{d_x} = \frac{(H_c + 2H_f + H_i) - (H_a + 2H_d + H_g)}{8D_s} \qquad (5-8)$$

$$\frac{d_z}{d_y} = \frac{(H_g + 2H_h + H_i) - (H_a + 2H_b + H_c)}{8D_s} \qquad (5-9)$$

图 5-1　网格 e 的坡度计算示意图

网格e的坡度α计算式为

$$\alpha = 100 \times \sqrt{\left(\frac{d_z}{d_x}\right)^2 + \left(\frac{d_z}{d_y}\right)^2} \qquad (5-10)$$

估计区域可开发面积A的公式为

$$A = N \times D_s^2 \qquad (5-11)$$

式中　N——可以开发的总网格数。

太阳能资源技术可开发面积计算时，除剔除不可开发的地形地貌面积外还应考虑地形的遮蔽条件，如北向坡地（y向坡度北半球小于0，南半球大于0）等，不列入技术可开发面积中。

技术可开发面积随着技术发展和地貌的变迁而发生变化。如随着海上吊装、汇集等技术的发展，以及耐低温材料的发展等，较深海域和低温高

寒区域逐步划入可开发面积中；农田草场等退化为裸土荒地后，也可划入可开发面积中；渔光、农光互补的太阳能开发技术兴起后，水面、农田等也可以列入技术可开发面积。

技术可开发量是指根据某时间节点风电场开发条件建设要求和不同地形、地貌条件下的风电机组安装密度，估算出的区域内可能安装风电机组的总容量。

资源评估时，不同的资源状况和地形地貌条件下的风电机组安装密度，称为装机容量系数。

依据 NREL 和中国气象局对资源评估的建议，不同坡度的风能资源装机容量系数参考表 5－7。

表 5－7　　　　　　　　不同坡度的风能资源装机容量系数

地形资料分辨率	地形坡度 α （%）	装机容量系数（MW/km²）
100m×100m	$0 \leqslant \alpha < 1.5$	5
	$1.5 \leqslant \alpha < 3$	2.5
	$3 \leqslant \alpha < 5$	1
	$5 \leqslant \alpha$	0
5km×5km	$\alpha \leqslant 2$	5
	$2 \leqslant \alpha < 3$	3
	$3 \leqslant \alpha < 4$	2
	$4 \leqslant \alpha$	0

太阳能资源的装机容量系数不仅与资源、地形有关系，还与开发方式有关系，所以资源评估过程中一般要综合各类因素，取值为 10～60MW/km²。

经济可开发量是指在一定时间范围内，具有经济开发价值的新能源装机容量总量，是当前政策支持和技术、经济水平下，新能源实际可开发的总量，是用于衡量国家或地区风力发电发展规模的重要指标。经济可开发量的制约因素较多，除了受自然资源丰富程度、地形地貌等条件的限制外，还与一个地区的技术、经济发展水平、指导政策等密切相关。

5.2.4 宏观选址

新能源场站宏观选址是在一个较大的地区内，通过对若干场址的新能源资源和其他建设条件的分析和比较，确定新能源场站的建设地点、开发价值、开发策略和开发步骤的过程，是企业能否通过开发新能源场站获取经济利益的关键。新能源场站宏观选址条件如下：

（1）新能源资源质量好。建设新能源场站最基本的条件就是要有丰富、稳定的新能源资源。

风能质量好的地区应满足年平均风速较高，一般平均风速达到 6m/s 以上；风功率密度大，年平均风功率密度大于 300W/m^2；风频分布比较集中等条件。对于平均风速小于 6m/s 的地区，可考虑采用低风速风电机组。

太阳能资源质量好的地区应满足直射辐射和总辐射的丰富等级为 A～C 级，稳定度达到较好以上等条件。

（2）地形、地质、地理位置情况。

1）地形情况：地形平坦，不易产生绕流和湍流，风电机组就可以尽可能在最佳状态运行；反之，地形复杂多变，容易产生扰流、湍流等，会降低风电机组功率，并影响风电机组寿命。

2）地质情况：新能源场站选址时要考虑选定场址的土质情况，如是否适合深度挖掘、房屋建设施工、基础施工等。另外，需要评估新能源场站所在地的水文地质情况，易发生洪水、泥石流等水文地质灾害的区域不宜进行新能源资源开发。

3）地理位置情况：从长远看，新能源场站选址要远离地震带、火山频繁爆发区及具有考古意义等特殊使用价值地区。另外，由于风电机组运行会产生噪声，所以新能源场站应远离人口密集区。

（3）符合国家或地区的整体规划。新能源场站的宏观选址应符合国家或地区的整体发展规划，不应与已规划的建筑用地，矿区、自然保护区等用地相冲突。

（4）避开灾害性天气频繁出现的地区。新能源场站的宏观选址应尽量不选择某些对新能源开发有影响的灾害性天气多发区，包括强暴风、雷电、沙暴、盐雾等。但是，有时不可避免地要将场址选在这些地区，设备设计阶段就应考虑这些因素，比如对历年来出现的冰冻、沙尘情况及出现频率进行统计分析，并采取防范措施，或将清洗太阳能电池板等费用列入运维费用中。

（5）靠近电网。新能源场站应尽可能靠近电网，从而减少线损和电缆铺设成本。此外，还要考虑电网现有容量、结构及其最大容量，以及新能源场站上网规模与电网是否匹配等问题。

（6）交通方便。要考虑所选定的新能源场站交通运输情况，设备供应运输是否便利，运输路段及桥梁承载是否适合设备（特别是叶片等大件）运输车辆通行等。交通便利与否将影响新能源场站建设。

（7）环境影响评价达标。通常，新能源场站对动物特别是飞禽类有伤害，对草原和树林也有损害。为了保护生态环境，在选址时应尽量避开鸟类飞行路线、动物停留地带及动物筑巢区，尽量减少占用植被面积。

（8）考虑温度、气压、湿度及海拔的影响。温度、气压、湿度及海拔的变化都会引起空气密度的变化，从而改变风功率密度，由此改变风电机组的发电量，因此也要考虑这些要素。

5.3　场站新能源资源评估流程

场站资源评估是进行风电场或光伏电站设计的重要组成部分。场站资源评估的目标是依据资源特性选择合适的风电机组或太阳能电池板类型，并进行微观布局，评估场站的年发电量。

进行风电场或光伏电站的总体设计，需要对场区内每台风电机组位置、太阳能电池板的倾角等进行设计，因此理论上要求对整个场区逐点进行长期资源监测。一方面详细掌握场站内不同地方的资源差异，可以选择资源较好的位置安装风电机组或太阳能电池板，提高资源利用率；另一方面避免由于资源年际变化而造成的平均年发电量偏差。但是受成本的限制不可能对场区进行逐点资源监测，因此需要选择合适的替代数据，结合一定的计算方法，得到大体上代表场站不同地点资源情况的数据，完成资源评估与场站设计。

风电场和光伏电站资源评估的基本步骤大致相同。

5.3.1　数据收集与分析

场站资源评估应首先对资源评估相关数据进行收集和分析。

（1）场站观测数据。在场站建设区，选定具有代表性的位置进行不少于 1 年的风/光资源监测，主要用于场区实际风能、太阳能资源的掌握。测风塔或测光站的选址要求及仪器安装要求见第 2 章。测风、测光有效监测时间长度不少于 1 年。

测风数据和测光数据使用前必须进行质量控制，依据《风电场气象观测及资料审核、订正技术规范》（QXT 74—2007）、《光伏发电站太阳能资源实时监测技术规范》（NB/T 32012—2013），剔除缺测和错误的数据，最终数据的可用率不小于 90%。

（2）参考气象站数据。为了降低风能资源年际变化对评估结果的影响，场站资源评估应利用多于 10 年的场站观测数据。但考虑资源开发的经济性，建站初期，只能进行一年多的资源观测。这就需要利用附近气象站具有相关性的风能、太阳能观测数据，通过一定的数学方法计算得到场站的长期资源数据。用于计算场站资源数据的气象站，被称为参考站。参考站一般选择离场站近，且地形地貌相似的气象观测站。参考站的连续风能、太阳能观测数据时间长度分别不少于 30 年和 10 年，使用前也需进行质量控制。参考站的观测数据，要包含场站数据的时间段，即参考站应与场站具有同期观测数据。参考站和风电场测风塔的同期观测数据，应具有较好的相关性，相关性系数不小于 0.6。

另外，还应收集站址变迁或观测方法变更的记录。一般而言，如气象站有迁站或观测方法变更时，应有一段时间新、旧站（观测方法）并行观测，用于分析前后观测数据的一致性。如果两套数据一致性较好，则直接进行场站数据的分析，如果相关性不好，则需重新选择参考站数据。

有时也选择多个参考站,通过数学方法得到具有代表性的参考站数据，或者直接进行长期或代表年风速的订正。

对于气象站数据相关性较差的风电场，可利用符合条件的再分析数据或资源模拟数据代替。

（3）其他数据。场站资源评估还应收集场站的高精度地图（一般平原精度要求 1:5000，山地精度要求 1:2000），场站所在地的地质、水文信息、土地利用情况等，场站周边的电气、交通信息，风电机组或光伏组件参数等数据，这些数据主要用于场站的优化布局和资源的合理利用。

5.3.2　长期与代表年数据订正

风电场资源评估时，风电场往往没有长期的观测数据，通常采用统计学方法，如测量—关联—预测（measure-correlate-predict，MCP）为待测风电场提供长期风速风向数据。MCP 的基本假设是影响站间风速、风向相关关系的物理条件保持不变，即假设站间风速、风向相关模型不随时间的变化而变化，所以使用同期数据建立的关联模型仍代表风电场与参考站长期风速、风向的关联关系。将参考站的长期测风数据作为推算目标风电场长期风能资源评估的参考数据，结合关联模型，便可预测得到待测场址的长期风速、风向。

得到风电场的长期数据后，通过长序列平均法、滑动平均取值法和抽样取值平均法等选取的代表年，并提取代表年风速用于计算风电场的年上网电量。

MCP 方法的关键步骤是参考站和风速计算方法的选取。

长期参考数据的来源一般选用邻近气象站（参考站）实测数据和再分析气象数据两类。气象站实测数据包括 10m（大多数气象站的测风高度为 10m）高度上的风速、风向信息，再分析气象数据包括 10、30、50、70、100m 等高度上的风速、风向等信息。在使用 MCP 方法对风电场长期风况进行评估时，所使用的参考站测风数据一般为 10 年以上时间长度，测风记录的时间分辨率和记录时刻与目标站测风数据相吻合。参考站长期数据记录中与目标站短期记录对应的测风数据连同目标站短期数据被称为同期数据。参考站数量可以是单个或多个，使用多个参考站时，由于各参考站的物理条件不同，在各方向上与目标站的相关程度表现不同，所以多参考站的组合可以综合并全面利用各参考站的测风数据，并且可以降低单一参考站因故障等发生数据缺失而造成的误差。随着参考站数量的增加，预测所得目标站长期风速误差可得到有效降低。气象站测风数据的时间分辨率较高，但是设备故障、冻冰等突发情况会造成参考站数据的缺失。在附近气象站实测数据缺失严重时，或没有合适气象站作为参考站的条件下，可使用再分析数据作为长期参考资料。较为常用的再分析数据包括美国的 CFSR 和 MERRA、欧洲的 ERA5 和 ERA-Interim、日本的 JRA-25 等。

常用 MCP 方法有十六象限法、长序列平均法、滑动平均取值法、抽样取值平均法等。

(1)十六象限法。首先,作出测风塔与对应年份的参考站各风向(16个风向)象限的风速相关曲线。某一风向象限内风速相关曲线的具体作法是:建一直角坐标系,横坐标轴为参考站风速,纵坐标轴为测风塔的风速。取测风塔在该象限内的某一风速值(某一风速值在一个风向象限内一般有许多个,分别出现在不同时刻)为纵坐标,找出参考站各对应时刻的风速值(这些风速值不一定相同,风向也不一定与测风塔相对应),求其平均值作为横坐标即可定出相关曲线的一个点。对测风塔在该象限内的其余每一个风速重复上述过程,就可作出这一象限内的风速相关曲线。对其余各象限重复上述过程,就可获得 16 个测风塔与参考站的风速相关曲线。

其次,对每个风速相关曲线,在横坐标轴上标明参考站多年的年平均风速,以及与测风塔观测同期的参考站的年平均风速,再在纵坐标轴上找到对应的测风塔的两个风速值,并求出这两个风速值的代数差值(共有 16个代数差值)。

最后,测风塔数据的各个风向象限内的每个风速都加上对应的风速代数差值,即可获得订正后的测风塔风速风向资料。

(2)长序列平均法。如果测风塔观测时段较长(一般不少于 3 年),且参考站同时段的平均值与多年平均值接近,则该时段测风塔平均值可作为代表年值。

(3)滑动平均取值法。设测风塔有连续 m($m>12$)个月的观测数据,按照每连续 12 个月为一个年度,可以组成 $m-11$ 个年度。参考站如果存在某个年度(与测风塔同时段)平均值与多年平均值接近,则测风塔该年度值可作为代表年值。如果参考站存在多个这样的年度,或多个年度值的平均值接近于多年平均值,则取测风塔对应的多个年度的平均值为代表年值。

(4)抽样取值平均法。设测风塔有连续 m($m>12$)个月的观测数据,其中,1 月有 m_1 个观测数据。若参考站对应的 m_1 个 1 月观测数据中,存在某年 1 月平均值接近多年 1 月平均值,则取测风塔同年 1 月平均值为代表年 1 月平均值;若参考站多个 1 月出现这样的值,或多个 1 月的平均值接近于多年1月平均值，则取测风塔对应的多个值的平均值为代表年1月平均值。用同样的方法得到其他月份的代表年月值。如能得到12个月的代表年月值，则其均值为代表年值。

理论上光伏电站也应采用 MCP 方法得到光伏电站的长期数据，但现实中太阳能资源的局地性变化较小，所以光伏电站资源评估时一般不做MCP 处理，而是直接用附近气象站观测数据进行资源评估。

5.3.3　风电机组与光伏组件选型

风电机组选型是依据平均风况、极端风况、地质条件等，对风电机组的单机容量、高度、安全、抗疲劳等级和综合造价等选择或设计适合场区风况的风电机组类型。

风电机组选型应遵循技术先进性、资源适应性、环境适应性和经济性等原则。这里只对风能资源的适应性进行讨论。

对于某个具体风电场来说，在评价风电机组时，需要重点审查风电机组的设计规格和参数是否适合现场风况条件和安全等级。

首先，通过分析年平均风速初步估计风电场的单机容量和机组的实际功率大小。鉴于风能资源的随机性，一般取年平均风速来反映当地风况。该值大小可有效反映此区域风能资源优质程度、适合安装风电机组的单机容量及机组实际功率大小。其中，对风能资源情况进行的数理统计、分析，主要是通过对风电机组安装地的多年气象数据以及测风设备对当地风能观测的实际数据的统计与分析，由此可以得到年平均风速这一指标。

其次，根据额定风速设定轮毂高度和叶轮直径等指标。在对额定风速进行测算时，需要考虑叶轮的扫风面积和发电机的扭矩，通常情况下，当发电机额定功率保持不变时，叶轮直径越大，即扫风面积越大，额定风速就越低。而空间高度越高则风能资源情况越好，可以依据算法和模拟软件对其理论值进行计算，从而制作出样机。

最后，根据轮毂高度处平均风速、50年一遇10min平均最大风速、15m/s风速区间的湍流强度TI15等选择风电机组安全等级。如表5-8所示，是依据国际电工委员会设计标准《风力发电机组安全要求》（IEC 61400-1—2005）和相关资料，对风电机组的安全等级进行了划分。因此，可以有针对性地将特定风电场的具体情况加以考虑，根据实际情况选择最合适的安全水平等级的风电机组。

表 5−8 风电机组安全等级表

项目	I 级	II 级	III 级	S 级
年平均风速（m/s）	10	8.5	7.5	根据设计者的具体要求确定
10min 平均最大风速（m/s）	50	42.5	37.5	
湍流强度 A 级	0.16	0.16	0.16	
湍流强度 B 级	0.14	0.14	0.14	

光伏组件的类型主要依据气候、辐射特点及经济特点进行选取。一般而言，太阳总辐射量大、直射比较大时应选择聚光光伏组件或晶体硅光伏组件，而太阳总辐射量较小、直射比较大、温度较高时，多选用薄膜光伏组件。当光伏发电项目与建筑、农业等项目结合时，光伏组件选取应注意项目间的协调性，可选取建材型光伏组件。

5.3.4 微观选址

利用资源监测点代表年的数据，依据地形、风速、风向、辐照度等参数获得场区内资源分布情况，评估相关参数，对场站内风电机组或太阳能电池板进行优化布局，并计算年发电量，作为场站后续设计的依据。

5.3.4.1 风电机组微观选址

风电机组微观选址依据测风塔处代表年风速及风电场高精度的地形资料，通过一定的技术手段，计算风电场各处的风速大小，然后结合风电机组选型结果和尾流模型，选定每台风电机组的位置。

由于风能资源的局地性很强，特别是在地形复杂地区，依据测风塔处风速计算整个场区的风速，是微观选址的关键因素。

理论上，可以根据风电场测风塔处的观测数据，通过微小尺度大气流场的数值模式，即计算流体力学模式，结合大气流场的流动特性，计算场区的各位置风速风向。流体力学按照一定的分辨率，计算每个格点的风速风向，需要大量的计算资源和计算时间，无法进行大量工程应用。现实中为了兼顾计算条件约束、工作实效性、工程实用性等因素，通常对大气条件进行不同程度的理想化假设，对计算流体力学模式进行简化，如商业化软件 Windsim、WT 等，不需要逐时计算风速的分布，只需计算平均状态风速或稳态条件下场区的资源分布。而 WAsP 软件则直接忽略了大气流场的流动和演化过程，在假定大气为中性层结和动力平衡的基础上，利用测风塔处风速和地形差异映射到风电场的各个位置。两者的差异在于，前者依据求解偏微分方程，是非线性的模型，后者则依赖于已知风速和地形映射关系，是线性诊断的模型。

进行风电机组微观选址，还应计算风电机组的尾流效应，通过利用合理的间距和排布规则，以减少尾流效应造成的能量损失。另外，应绘制风玫瑰图或风能玫瑰图，确定风电功率的主导风向，让风电机组安装的朝向对准主导风向，降低风电机组偏航过程中的能量损失和疲劳载荷。

5.3.4.2　太阳能电池板微观选址

由于太阳能资源的局地性变化较弱，所以一般场站内的资源差别较少。微观选址主要是避开可能的遮挡，避开低洼地区有利于太阳能电池板的散热，寻找合理的地形朝向（我国处于北半球，一般地形朝向选南向），并设计太阳能电池板的最佳倾角。

5.3.5　年发电量计算

依据风电机组或太阳能电池板的微观选址结果，计算场站的理论年发电量，是进一步进行场站经济核算和总体设计的重要内容。

风电场年发电量，依据每台风电机组所在位置的风速情况计算单台风电机组的年发电量，然后累加计算场站的理论年发电量。风电场年发电量的计算过程中，尾流效应是必须考虑的因素。尾流效应不仅要考虑场区内上风向风电机组的尾流影响，而且要考虑一定范围内上风向风电场的尾流综合影响。风电场宏观选址时期对场区电量估算时，尾流效应对风速的衰减一般以 3%～5%定额进行电量折减。而风电场微观设计时，可依据风电场的规模通过定额折减方法计算尾流影响，也可通过集成到风电场设计软件的尾流模型进行折减。

光伏电站年发电量可通过其位置、装机容量、太阳能电池板的倾角和伏安特性等计算。但是太阳能电池板伏安特性除了与辐照度有关外，还与温度、风速等密切相关，因此工程中常用总辐射对发电量进行计算。详细计算过程见第 4 章 4.3～4.4 相关内容。

只有前期收集尽可能齐全的资料，才能做出风电机组/光伏组件的选型、布局方案，并计算出场站的年发电量。但是收集的数据和现场的环境仍存在巨大差距，需实地踏勘之后，针对现场环境对风电机组或光伏组件的布局进行优化，才能最终确定场站资源评估结果。

资源评估始终贯穿风电场运行的整个过程。一方面，很多场站在建场投运一两年后，获得了较多的观测数据后，再次对场站资源进行资源评估，对场站前期评估结果进行优化设计和设计范围扩展，作为后期改建和扩建的重要依据。另一方面，依据风电场资源量和实际发电量的关系，可以评价风电场运行的总体效率。

5.4 场站新能源资源评估指标

5.4.1 风况评估指标

风电场的风况指标主要包含平均风速和风向。

风电场的平均风速一般以 MCP 方法获得的测风塔处 10 年以上平均风速为基础，其大小影响风电机组切入/切出风速的大小。一般而言，平均风速小于 6m/s 时，选择低风速机型；平均风速大于 6m/s 时，可选择一般机型；平均风速大于 9m/s 时，可结合地形选择大型风电机组。

多年的平均风速、风速的年变化和日变化也是风电场资源评估的主要部分。风能资源的年变化和日变化一般与风电场所在地区的气候、地形等密切相关，根据风速的年变化和日变化可以在风速较小时期进行安装和检修，一方面保证了作业的安全，另一方面减少了因为停机造成的经济损失。

除了评估平均风速外，工作中还会统计评估风速的长期分布特征，一般认为风速符合威布尔分布。

风向的评估主要是评估风的主导风向以确定风电机组安装的朝向，以减少偏航造成的能量损失。通常风向的评估需按照 8 方位或 16 方位对风向出现频率进行统计，并绘制风向玫瑰图。

有时候出现风频最多的方向，风速较小，并不是风能贡献最多的方向，因此在做风向玫瑰图的同时，也要对各个方向上风能的大小进行统计，并绘制风能玫瑰图。

5.4.2　安全指标

风电场的安全指标主要包含湍流强度和 50 年一遇极大风速。

湍流强度和风切变是衡量大气稳定度的重要指标，也是风电机组选型的重要参考依据。资源评估过程中湍流强度是由 10min 的风速标准差表示的。湍流强度计算方法如下

$$TI = \frac{\sigma}{\bar{v}} \qquad (5-12)$$

式中　TI——湍流强度；

　　　σ——10min 风速标准差，m/s；

　　　$\bar{v}$——10min 风速平均值，m/s。

50 年一遇极大风速一般是指 50 年一遇的 10min 极大风速，是设定风电机组安全等级的主要依据。50 年一遇极大风速的计算方法有 5 倍风速法、风压法、Gumbel 法等。

5.4.3　辐射量评估指标

光伏电站对于辐射量的评估基本与区域评估一致，包含总辐射年总量、法向直射辐射年总量、稳定度及直射比等。辐射量首先是用来估算年发电量、评估建设的经济性；其次是用来为发电设备的选型提供基础。

光伏电站资源量评估除了评估总辐射量外，还应在设计太阳能电池板的最佳倾角的基础上，计算太阳能电池板对辐射捕获量，这是影响年发电量的直接因素。

某一时刻，倾斜放置的单位面积太阳能电池板上接收的总辐照度 I_t 主要由直射辐照度 I_b、散射辐照度 I_d 组成，因此，在以下讨论中，将倾斜放置太阳能电池板的瞬时总辐照度表述为

$$I_t = I_b + I_d = I_0 \tau_b \cos\theta + I_0 \tau_d \frac{\cos^2\beta}{2\sin\alpha} \qquad (5-13)$$

式中　I_0——太阳常数；

τ_b ——直射辐射透明经验系数；

τ_d ——散射辐射透明度经验系数；

θ ——太阳光入射角；

β ——太阳能电池板倾角；

α ——太阳高度角。

1天内，电池板表面接收的总辐射量 Q_N 为

$$Q_N = \int_{t_0}^{t_1} I_t dt = Q_B + Q_d \qquad (5-14)$$

式中　　t_0、t_1 ——分别为一天中太阳能电池板接收太阳辐射的起始和结束时间；

Q_B、Q_d ——分别为一天中太阳能电池板接收到的散射和直射辐射量。

1年内电池板表面接收的总辐射量 $Q_y = \sum Q_N$。

在理论上，给定地理纬度、地形高度等参数以后，倾角为 β 的太阳能电池板表面1年内接收的总辐射量 Q_y 是一个关于变量 β 的函数，关于变量 β 求导并取值为0，即

$$\frac{dQ_y(\beta)}{d\beta} = 0 \qquad (5-15)$$

求解该方程，即可得到年最佳倾角 β_0。

结合不同地区太阳能辐射情况，选取新疆自治区和田地区和内蒙古自治区准格尔旗两个同纬度地区，采用相同的辐射模型和倾角设计方法进行实验验证，表5-9所示的结果表明，即使水平面总辐射量相近，最佳斜面总辐射量也可能差异较大。

表5-9　　　　　　水平面总辐射量相近地区最佳倾角选择结果

地点	纬度（°N）	最佳倾角(°)	年水平面总辐射量（kWh/m²）	年最佳倾斜面总辐射量/增加百分比（kWh/m²）/（%）
和田地区	37.6	28.6	1636	1742/6.5
准格尔旗	39.9	35.9	1638	1910/16.6

表5-10所示为在纬度相近的地区，由于太阳辐射的直射比不同，太阳能电池板的最佳倾角也不同。纬度相近的地区如北京市和敦煌市相比，气候越干燥，空气中水汽含量越低，降水越少，直射比就越低，最佳倾角

就越大，年最佳的倾斜面总辐射量相对于水平面增加的比例就越大。

表 5−10　　　　　　水平面总辐射量相近地区最佳倾角选择结果

序号	地点	所属省、区、市	纬度（°N）	最佳倾角（°）	直射比（%）
1	北京	北京	39.8	32.8	55
	敦煌	甘肃	40.2	34.2	60
2	成都	四川	30.7	15.7	30
	当雄	西藏	30.5	28.5	65
3	和田	新疆	37.6	26.6	45
	大柴旦	青海	37.8	33.8	60

这些功能通常会集成在太阳能资源的评估软件中，如 Meteonorm、PVsyst 等。

随着技术的进步，跟踪式太阳能电池板的造价会下降，会得到广泛应用，此时光伏电站设计时无需对太阳能电池板的倾角进行设计，太阳能电池板始终保持与法向直射辐射垂直的方向，实现光伏电站的年发电量最大。

5.4.4　年发电量指标

（1）风电场年发电量。风电场年发电量是通过微观选址后的每台风电机组的年发电量累积计算得到的。第 j 台风电机组理论功率曲线为

$$P_j(v) = \begin{cases} 0 & 0 \leqslant v \leqslant v_1 \\ \dfrac{1}{2}\rho\pi R^2 C_\mathrm{P} v^3 & v_1 \leqslant v < v_N \\ P_\mathrm{e} & v_N \leqslant v < v_2 \\ 0 & v_2 \leqslant v \end{cases} \qquad (5-16)$$

式中　C_P——叶轮的功率系数；

　　　R——叶轮扫掠半径，m；

　　　v——风速，m/s；

v_1、v_2——分别为切入风速和切出风速，m/s，

　　　v_N——风电机组的额定风速，m/s；

　　　P_e——风电机组的额定输出功率，W；

　　　ρ——空气密度，kg/m³；

$P_j(v)$ ——第 j 台风电机组在风速 v 下的理论功率，W。

对于长期预测可以取地面平均空气密度，一般依据气体状态方程和标准状态下的大气密度通过下式进行计算。

$$\rho_i = \rho_0 \times \frac{273.16}{273.16 + T_i} \times \frac{p_i}{1013.25} \tag{5-17}$$

式中　ρ_0 ——标准状态下空气密度，取值为 1.29kg/m^3；

　　　T_i ——时刻的温度，℃；

　　　p_i —— i 时刻的气压，hPa。

那么单台风电机组的理论年发电量计算为

$$E_j = \int_{t=0}^{T} P_j(v)\mathrm{d}t \tag{5-18}$$

式中　E_j ——第 j 台风电机组理论年发电量，kWh；

　　　T ——一年的总时间，h 一般取 8760h。通常情况认为风速是符合威布尔分布的，威布尔分布函数见式（3-1），其中，c 与 k 分别为威布尔分布的尺度参数和形态参数，由平均风速和标准差估算得到。

$$k = \left(\frac{\sigma}{\mu}\right)^{-1.086} \tag{5-19}$$

$$c = \frac{\mu}{\Gamma\left(1 + \dfrac{1}{k}\right)} \tag{5-20}$$

因此，年发电量通过风速分布函数积分为

$$E_j = T \int_{v=0}^{\infty} P_j(v)f(v)\mathrm{d}v \tag{5-21}$$

那么风电场的理论年发电量为

$$E = \eta \sum_{j=1}^{N} \mu E_j \tag{5-22}$$

式中　E ——风电场理论年发电量；

　　　μ ——尾流折减系数；

　　　N ——风电场风力机组数量；

η ——其他综合折减系数，包括风电场自用电、集电线路线损、升

　　压器损耗、检修停机损耗等因素。

（2）光伏电站年发电量。光伏电站理论年发电量应利用最佳倾角及捕获的太阳辐射能，以及光伏电池的转化效率等进行计算。工程上一般计算为

$$E = H_A \times \frac{P_{AZ}}{E_s} \times K \qquad (5-23)$$

式中　E ——光伏电站理论年发电量，kWh；

　　　H_A ——水平面太阳能总辐照量，kWh/m²；

　　　P_{AZ} ——组件安装容量，kW；

　　　E_s ——标准条件下的辐照度，E_s=1kW/m²；

　　　K ——综合效率系数，包含光伏组件类型修正系数，光伏方阵的倾
　　　　　角、方位角修正系数，光伏发电系统可用率，光照可用率，
　　　　　逆变器效率，集电线路线损，升压器损耗，光伏组件表面污
　　　　　染修正系数，光伏组件转换效率修正系数等，当取固定倾角
　　　　　时，在我国 K 一般取 0.8～0.85。

随着跟踪式太阳能电池板等的使用，光伏电站的综合效率系数会大幅增加，发电量的计算不能再用式（5-23）简单计算，而是根据跟踪式太阳能电池板每时每刻捕获太阳能辐射量进行功率计算，然后再对时间进行积分计算。

第 6 章

新能源中长期电量预测

风能、太阳能等新能源中长期电量预测是指通过物理建模或数学推导等方法实现未来给定时间内风能、太阳能等新能源可发电量的预测。在电力市场环境下，电量预测的作用主要体现在两个方面，一是用于新能源开发企业对场站发电性能的评估，二是用于制定风能、太阳能等新能源及电网的发展规划。在电力计划环境下，以年度、月度电量为预测目标的中长期电量预测，主要用于中长期发电计划编制，包括月度、年度电量平衡计划与检修计划。

6.1 电量预测基本要求

目前的新能源电量预测主要有序列分析方法和资源—电量方法两种。序列分析方法是以历史多年风电、光伏发电量序列数据为输入，采用自回归滑动平均（auto‑regressive moving average，ARMA）或卡尔曼滤波等时间序列分析方法实现月度电量预测的方法；资源—电量方法是以月度资源参量为输入，通过资源—电量转化模型实现月度电量预测的方法，资源—电量转化模型根据输入数据条件的不同，可采用统计建模方法和物理建模方法。根据应用场景的不同，电量预测在基础数据、输出结果的空间尺度、时间尺度等方面存在差异。

6.1.1 电量预测基础数据要求

根据不同的电量预测方法，基础数据的要求各不相同。对序列分析方法而言，需满足如下要求：

（1）应包括历史资源再分析数据和月度发电量数据；

（2）历史资源再分析数据应根据实际监测的资源数据进行订正，数据时间长度不少于 30 年，时间分辨率不低于 6h，空间分辨率不低于 30km×30km；

（3）历史发电量数据的时间长度应不少于 10 年，如实际发电量数据受风电、光伏发电限电影响，应采用理论功率还原方法对其进行修正，月度电量数据以利用小时数给出。

对资源—电量方法而言，需满足如下要求：

（1）应包括资源预报数据和历史发电功率数据；

（2）资源预报数据的预报时长至少 15 个月，时间分辨率不低于 6h，空间分辨率不低于 30km×30km，数据时间长度不少于 5 年；

（3）历史发电功率数据的时间长度应不少于 5 年，如实际发电功率数据受风电、光伏发电限电影响，应采用理论功率还原方法对其进行修正，历史发电功率数据的时间分辨率不低于 6h。

6.1.2 电量预测时空尺度要求

在我国，电量预测主要用于编制中长期发电计划，此应用场景决定了我国电量预测的空间尺度应满足如下要求：

（1）为了将并网新能源场站全部纳入电量平衡，中长期电量预测应以新能源场站为预测对象；

（2）中长期电量预测以省级电网调控区域的总发电量为最终目标，可通过各新能源场站的电量预测结果累加获得。

在我国电力计划体系下，一般在每年的 10 月，电网调控机构开始编制次年 1～12 月的年度发电计划，新能源电量预测是年度发电计划编制的基础边界数据之一。因此，电量预测的时间尺度需满足如下要求：

（1）中长期电量预测结果的时间分辨率为自然月，即每个自然月内，省级电网调控区域内新能源各场站电量及区域总电量；

（2）预测时长上看，中长期电量预测结果应至少包括次年逐月及当年的 10 月、11 月和 12 月的月度电量，即我国中长期电量预测的时间尺度应至少为 15 个月。

此外，实际运行情况与电量计划可能存在偏差，因此需对月度计划进行滚动调整，即在实际运行情况和最新的气象/气候预测结果的基础上，对当年剩余月份的电量预测结果进行逐月滚动修正。

6.2 中长期电量序列波动特性分析

从不同维度挖掘新能源中长期电量序列的内在规律，了解新能源中长期电量序列的波动特性是开展中长期电量预测的基础。其中，自相关性分析能够挖掘出月度电量序列是否存在周期规律，从而为中长期电量预测方法的研究提供依据；时空相关性分析能够发现新能源场站各月发电量与其他场站的关联关系，以及与场站自身其他年份相同月份发电量情况的关联关系，从而为中长期电量预测模型的构建确定合理的输入数据；同比变化分析能够进一步发现场站其他年份相同月份发电量对目标月发电量的影响权重，从而确定输入数据的权重。

采用实际数据分析中长期电量序列的波动特性，分析对象的基本单元为新能源场站，分析区域按以下条件确定：

（1）数据完整且时长与时空分辨率满足要求；

（2）地形和气候条件具有典型性，验证结论具有普适性。

据此本书遴选出的分析区域为福建省、山东省、山西省、新疆自治区和吉林省，其中，新疆自治区和吉林省采用理论功率还原方法对功率数据进行了恢复，以确保电量序列的可用性。

场站的选取条件如下：

（1）数据质量较好；

（2）历史数据时间长度在 3 年及以上；

（3）包括完整的基础信息数据、资源监测数据和实际发电数据。

根据选取条件，同时结合数据情况，最终确定出新疆自治区 5 座风电场、吉林省 20 座风电场、福建省 8 座风电场、山东省 27 座风电场、山西省 6 座风电场。

由于电量与装机容量相关，为了避免风电场扩容等因素对电量序列波

动特性分析的影响，以月度利用小时数作为电量序列波动特性分析的基础
数据。

　　对比分析区域内各风电场连续 48 个月的月度发电利用小时数序列，现
展示吉林省和山西省的电量序列如图 6-1 所示。

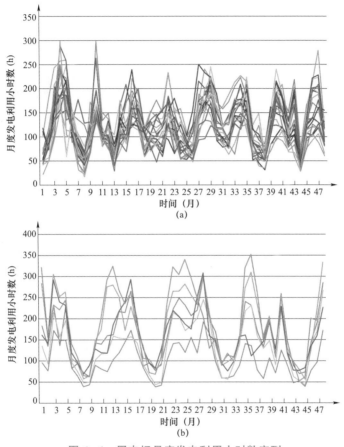

图 6-1　风电场月度发电利用小时数序列

（a）吉林省 20 座风电场 2011～2014 年月度发电利用小时数序列；
（b）山西省 6 座风电场 2011～2014 年月度发电利用小时数序列

　　由图 6-1 可以看出，不同区域内的不同风电场在相同月份均具有相同的
变化趋势，且不同年内相关月份的变化趋势相同，说明风电场月度发电量变化
具有季节周期性；与此同时，同一区域内不同风电场在相同月份的发电量存在
差异，并且，同一风电场在不同年份的相同月份发电量也存在差异，显示中长

期电量预测在具备可预测性的同时，也存在较大的预测难度。为进一步了解中长期电量的可预测性，对中长期电量序列波动特性做进一步分析。

6.2.1　风电场月度发电利用小时数相关性分析

由图 6-1 可以看出，区域内不同风电场的月度发电量具有相似的变化规律，为此采用相关系数这一统计指标对相似变化进行量化分析。其中，福建省和新疆自治区内各风电场月度电量两两之间的相关性情况如图 6-2 所示。

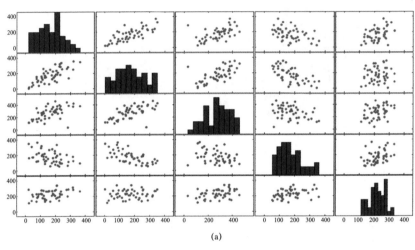

(a)

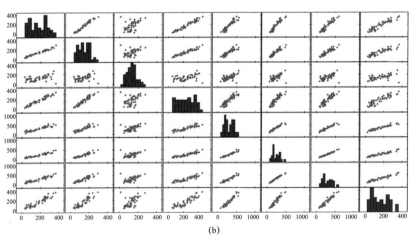

(b)

图 6-2　区域内各风电场月度电量两两之间的相关性情况
（a）新疆自治区 5 座风电场；（b）福建省 8 座风电场

图 6-2 中，非对角关系图为互相关点图，其横纵坐标均为月度发电利

用小时数。图 6-2 中对角柱状图为各风电场发电利用小时数分布图，横轴为利用小时数，纵轴为样本数量。由图 6-2 可以看出，区域内各风电场月度发电量情况具有较强的相关性，这为用代表场站电量推算区域电量奠定了基础。与此同时，通过相关性大小发现，不同区域，风电场月度电量的相关性存在差异，说明用代表场站电量推算区域电量时，应针对不同区域采用不同的代表场站选择策略。

6.2.2   时空差异性分析

时空差异性分析包括空间差异性分析和时间差异性分析。

6.2.2.1   空间差异性分析

分析区域内各风电场相同月份利用小时数的标准差，以区域内各风电场在多年相同月份的平均发电利用小时数对标准差进行归一化，根据归一化后的标准差可判断风电场发电利用小时数的空间纵向差异情况。计算方法为

$$s = \sqrt{\frac{\sum_{i=1}^{n}(x_i - \overline{x})^2}{(n-1)\overline{x}^2}} \tag{6-1}$$

式中 s——归一化后的标准差；

x_i——同月各年利用小时数样本；

$\overline{x}$——样本均值；

n——样本数量。

可以采用式（6-1）分析 5 省（自治区）的空间差异性。其中，新疆自治区和山东省的分析结果如表 6-1、表 6-2 和图 6-3、图 6-4 所示。

表 6-1　　新疆自治区 5 座风电场各月发电利用小时数标准差　　　　（%）

年份	1月	2月	3月	4月	5月	6月	7月	8月	9月	10月	11月	12月
2011	13.1	69.0	34.7	51.6	32.2	43.5	29.5	36.0	47.2	29.7	30.3	44.5
2012	74.2	52.9	31.2	34.7	26.8	41.2	68.7	40.2	36.7	37.2	43.5	46.6
2013	100	56.9	50.0	34.8	30.3	36.9	59.4	57.0	24.6	24.8	39.5	49.5
2014	83.1	28.8	51.0	44.6	48.0	33.5	51.8	38.6	24.8	27.3	35.6	56.6

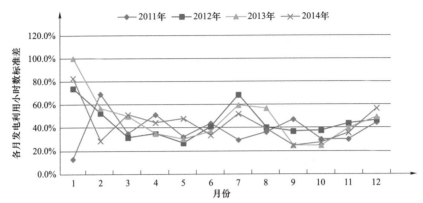

图 6-3　新疆自治区 5 座风电场各月发电利用小时数标准差分布

表 6-2　　　　山东省 27 座风电场各月发电利用小时数标准差　　　　　（%）

年份	1月	2月	3月	4月	5月	6月	7月	8月	9月	10月	11月	12月
2011	32.4	25.8	25.2	27.4	40.7	27.4	41.2	26.1	27.4	33.6	26.8	20.2
2012	32.6	23.6	23.1	21.9	33.8	30.1	28.2	23.4	23.0	22.2	33.6	20.5
2013	23.8	26.5	23.0	18.1	23.8	34.4	28.3	33.0	25.9	24.1	23.7	28.8
2014	31.9	32.8	24.8	29.6	24.5	23.4	26.5	35.1	31.3	32.2	23.2	24.7

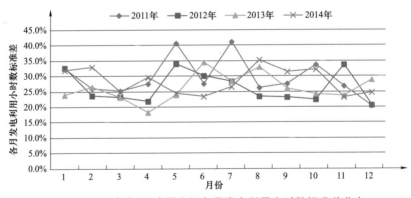

图 6-4　山东省 27 座风电场各月发电利用小时数标准差分布

　　通过空间差异性分析可以看出，区域内各风电场月度发电量虽然存在相关性，但在数值上存在明显的差异，新疆自治区各风电场相同月份的发电量标准差最大可达到 80% 以上，山东省最大也达到了 40% 左右，说明在利用空间相关性实现区域中长期电量预测时，不能忽略空间分布的差异性。

6.2.2.2　时间差异性分析

分析各年同月各主要风电场发电利用小时数的标准差，以同月平均发电利用小时数进行归一化，用于判断同月发电利用小时数的波动性，反映出同一对象发电利用小时数在时间上的差异性，具体计算方法与空间差异性分析中的计算方法相同，只是分析样本存在差异。山东省和福建省主要风电场的分析结果如表 6-3、表 6-4 和图 6-5、图 6-6 所示。图 6-5 中深蓝色、红色、绿色、紫色、浅蓝色实线分别代表风电场 1、2、3、4 及区域。图 6-6 中深蓝色、红色、绿色、紫色实线分别代表风电场 1、2、3 及区域。

表 6-3　　　山东省部分风电场和全省同月份电量标准差　　　（%）

风电场	1月	2月	3月	4月	5月	6月	7月	8月	9月	10月	11月	12月
风电场1	23.9	26.4	16.1	17.9	15.3	11.6	8.6	26.5	24.7	15.4	19.3	13.9
风电场2	33.5	18.1	12.4	20.5	11.9	10.7	15.9	17.3	33.8	24.6	20.6	13.3
风电场3	31.9	37.2	23.2	17.0	34.5	14.8	14.3	8.8	26.0	17.2	19.2	20.6
风电场4	30.2	19.3	21.0	18.4	14.8	18.5	19.6	11.3	27.8	19.3	8.9	18.8
区域	31.0	29.6	18.1	21.8	24.5	14.4	10.0	14.3	34.6	18.7	20.2	15.4

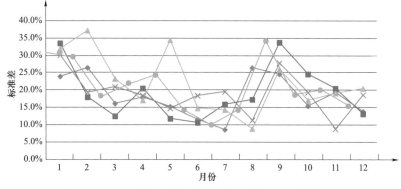

图 6-5　山东省部分风电场和全省同月份电量时间差异性

表 6-4　　　　　　　福建省部分风电场和全省同月份电量标准差　　　　　（%）

风电场	1月	2月	3月	4月	5月	6月	7月	8月	9月	10月	11月	12月
风电场1	20.7	16.4	24.1	10.7	21.4	27.3	40.1	30.1	42.2	16.4	17.3	16.1
风电2	23.4	12.5	24.9	10.5	20.3	10.2	33.8	33.0	20.7	14.4	22.4	17.5
风电场3	24.3	13.6	26.0	9.3	21.6	13.8	35.8	42.8	19.8	11.4	19.3	11.3
区域	21.0	13.0	18.4	10.5	20.5	12.1	25.6	31.0	25.9	13.2	20.7	13.0

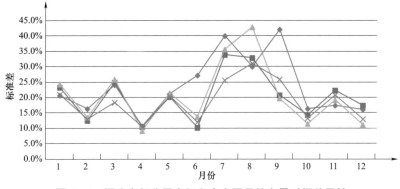

图 6-6　福建省部分风电场和全省同月份电量时间差异性

　　通过时间差异性分析可以看出，同一风电场或区域多年同月份的发电量具有相同的变化趋势，但在绝对水平上存在较为显著的差异，如福建省区域，多年同月份发电量的标准差最大达到 40% 左右，山东省区域也达到了 35% 左右。

6.2.3　各月发电利用小时数占比分析

　　分析主要风电场（指与区域发电利用小时数相关性高的风电场）各年每月发电利用小时数占年发电利用小时数的比值，用于判断年发电利用小时数推算月发电利用小时数的可行性。吉林省某风电场和山西省某风电场不同年份各月发电利用小时数的占比情况如表 6-5、表 6-6 和图 6-7、图 6-8 所示。

表6-5 吉林省某风电场不同年份各月发电利用小时数占比情况 （%）

年份	1月	2月	3月	4月	5月	6月	7月	8月	9月	10月	11月	12月
2011	2.9	7.3	9.9	15.0	14.4	8.8	6.0	4.2	7.3	12.5	6.7	5.0
2012	2.9	8.3	8.2	10.6	11.4	7.5	8.7	9.2	8.5	11.8	7.7	5.2
2013	3.6	4.5	9.1	10.7	12.8	7.9	7.9	7.7	10.3	10.4	10.8	4.3
2014	4.7	4.7	7.0	13.0	10.4	7.6	11.0	3.2	9.2	11.9	11.1	6.2

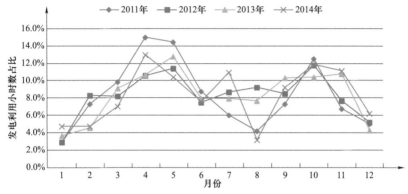

图6-7 吉林省某风电场不同年份各月电量占比情况

表6-6 山西省某风电场不同年份各月发电利用小时数占比情况 （%）

年份	1月	2月	3月	4月	5月	6月	7月	8月	9月	10月	11月	12月
2011	11.0	8.1	13.9	8.2	13.6	4.9	5.6	4.3	3.7	8.6	8.4	9.6
2012	7.9	10.6	10.5	13.0	9.8	4.3	4.7	3.8	4.5	7.7	10.9	12.2
2013	10.3	9.2	9.8	13.2	8.8	7.5	4.2	5.0	4.8	6.4	10.7	10.3
2014	9.1	7.1	10.3	6.2	13.9	7.9	4.8	3.7	3.9	7.7	10.2	15.3

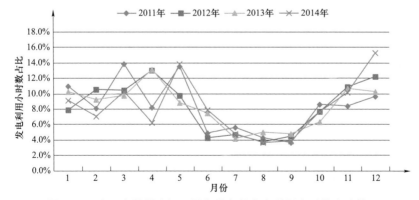

图6-8 山西省某风电场不同年份各月发电利用小时数占比情况

不同区域风电场在不同年份各月发电量占比情况的相似性，进一步体现了新能源中长期发电量的季节性特征，但不同年份各月发电量占比情况也存在差异，前面所分析的吉林省风电场不同年份同月发电量占比最大相差达到 5%，山西省更是达到 7%。

6.2.4　电量序列平稳性分析

电量序列平稳性分析可用于判断月发电利用小时数是否可采用时间序列分析方法进行预测。序列平稳性可通过序列的自相关特性进行判断，如自相关系数随延迟时长快速跌落至 0 附近，则序列平稳，反之，则序列不平稳。自相关系数的计算方法为

$$r_k = \frac{\sum\limits_{t=1}^{n-k}(x_t - \overline{x})(x_{t+k} - \overline{x})}{\sum\limits_{t=1}^{n}(x_t - \overline{x})^2} \tag{6-2}$$

式中　r_k —— k 延时下的自相关系数；

　　　　n ——序列长度；

　　　　x_t —— t 时刻的采样点；

　　　　$\overline{x}$ ——样本均值。

新疆自治区 5 座风电场及区域、福建省 7 座风电场及区域的自相关序图分别如图 6-9、图 6-10 所示。图 6-9 中橙色为新疆自治区全区发电量序列的自相关曲线，其余为各风电场的自相关曲线。图 6-10 中绿色为福建省全区发电量序列的自相关曲线，其余为各风电场的自相关曲线。

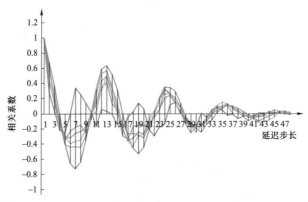

图 6-9　新疆自治区部分风电场及区域月度电量自相关序图

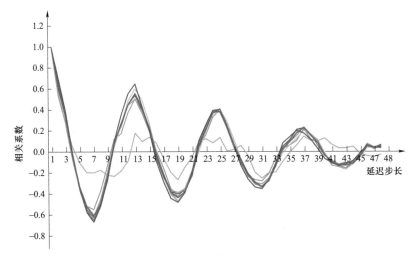

图 6－10　福建省部分风电场及区域月度电量自相关序图

通过新疆自治区和福建省部分风电场及区域月度发电量自相关序图可以看出，月度电量序列在短时内快速下降至 0 附近，然后随延时的增加在 0 值附近震荡，体现了一定的稳定性，说明采用时间序列方法开展中长期电量预测具有一定的可行性。但与此同时，自相关系数在每 12 个月形成局部极大值或极小值，体现了月度电量的季度周期性特点。

6.2.5　周期相似性分析

周期相似性分析是对月度发电量序列的季节性特点进一步分析。周期相似性分析主要是计算后一年月发电利用小时数与前一年月发电利用小时数的相关性系数，并取平均值，用于判断序列的周期性相似程度，可反映出月发电利用小时数的可预测性。福建省 8 座风电场及区域、山西省 6 座风电场及区域的分析结果如图 6－11、图 6－12 所示，其中，最后一列为区域结果，其余为风电场结果。

可以看出，不同年份各月发电量的相关程度基本都在 60% 以上，福建省区域更是在 75% 以上，充分体现了发电量的季节性特性。

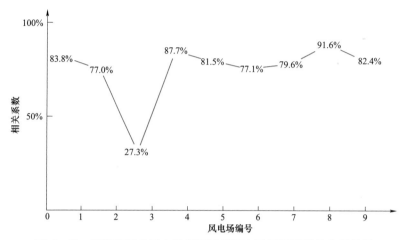

图 6-11　福建省部分风电场及区域月度电量周期相似性分析结果

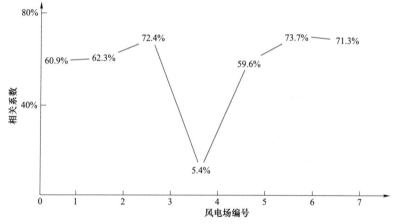

图 6-12　山西省部分风电场及区域月度电量周期相似性分析结果

6.2.6　年度发电利用小时数相对标准差

分析区域内各风电场年发电利用小时数的标准差，以 4 年平均年发电利用小时数进行归一化，用于判断年发电利用小时数的波动性。新疆自治区 6 座风电场及区域、山西省 6 座风电场及区域分析结果如图 6-13、图 6-14 所示。图 6-13 中第 6 个数值为新疆自治区全区年发电利用小时数的相对标准差，其余为各风电场的相对标准差。图 6-14 中第 7 个数值为山西省全省年发电利用小时数的相对标准差，其余为各风电场的相对标准差。

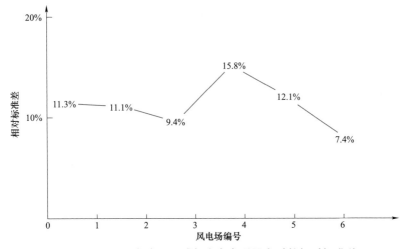

图 6-13　新疆自治区区域年度发电利用小时数相对标准差

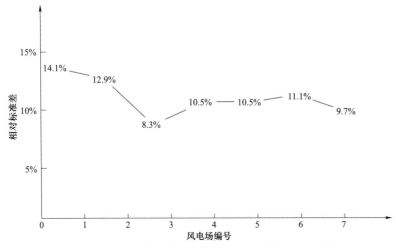

图 6-14　山西省区域年度发电利用小时数相对标准差

由图 6-13 和图 6-14 可以看出,年度发电利用小时数相对标准差基本都在 15%以内,说明区域年度发电利用小时数较为稳定,这为电量预测提供了可能。

6.2.7　最大变化占比

最大变化占比是指历史各年发电利用小时数中,最大年发电利用小时数减去最小年发电利用小时数所得差值与最小年发电利用小时数的比值,主要用来评估采用随机预测方法可能产生的风险。新疆自治区和山西省的分析结果分别如图 6-15、图 6-16 所示。图 6-15 中第 6 个数值为新疆自治区全区年发电利用小时数的最大变化占比，其余为各风电场的最大变化占比。图 6-16 中第 7 个数值为山西省全省年发电利用小时数的最大变化占比，其余为各风电场的最大变化占比。

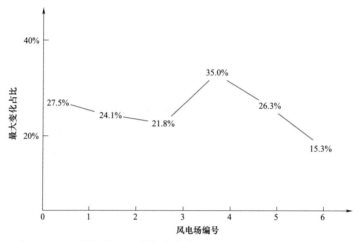

图 6-15　新疆自治区区域年度发电利用小时数最大变化占比情况

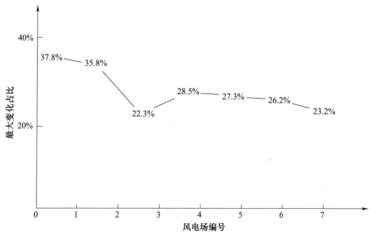

图 6-16　山西省区域年度发电利用小时数最大变化占比情况

由图 6-15 和图 6-16 可以看出，以 4 年的历史年发电利用小时数作为分析样本，在新疆自治区和山西省获得的最大变化占比基本都超过了

20%，最大甚至达到35%，这说明年度发电利用小时数具有一定的稳定性，但变化也较大，如果预测方法对极端情况的平衡能力不足，就会导致较大的电量预测偏差。

6.2.8　平均值风险状态分析

平均值风险状态分析是基于平均值预测方法的，是以平均值预测方法的结果作为基本状态，分析中长期电量预测可能面临的风险。其中，平均值预测方法是指以历史多年的年发电利用小时数或月发电利用小时数的平均值作为来年或来年同月的发电利用小时数预测结果，平均值预测方法较为简单，在中长期电量预测中通常作为基本比较对象。

平均值风险状态分析的方法是比较年发电利用小时数与平均年发电利用小时数的偏差情况，通常以历年偏差中的最大偏差作为关键的分析对象，为了进行横向比较，通常还采用平均年利用小时数对最大偏差进行归一化。平均值风险状态分析中的平均年利用小时数可通过平均值预测方法获得。

$$R_{isk} = \frac{\max\left(\left|x_i - \frac{1}{n}\sum_{i=1}^{n}x_i\right|\right)}{\frac{1}{n}\sum_{i=1}^{n}x_i} \qquad (6-3)$$

式中　　R_{isk} ——平均值风险状态；

x_i ——第 i 年的年利用小时数；

n ——历史样本的年数。

对5省区中长期电量预测的平均值风险状态进行分析，其中，新疆自治区和山西省的分析结果如图6-17、图6-18所示。图6-17中第6个数值为新疆自治区全区发电量预测的平均值风险状态，其余为各风电场中长期电量预测的平均值风险状态。图6-18中第7个数值为山西省全省发电量预测的平均值风险状态，其余为各风电场中长期电量预测的平均值风险状态。

由图6-17和图6-18可以看出，以多年年度发电量的平均值作为中长期电量的预测值，其误差大部分在13%左右，极端情况在16%左右，这为中长期电量的预测提供了可能，同时提供了验证中长期电量预测方法先进程度的方法。

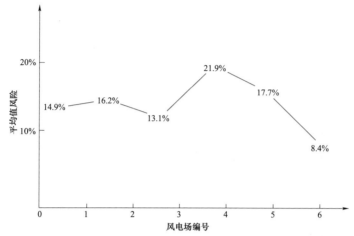

图 6-17 新疆自治区区域中长期电量预测的平均值风险情况

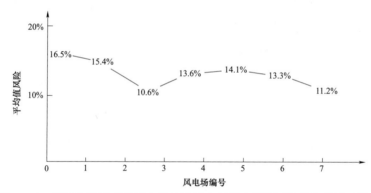

图 6-18 新疆自治区部分风电场及区域中长期电量预测的平均值风险情况

6.3 新能源中长期电量预测方法

风力发电和光伏发电的能量来源是风能和太阳能，而地球的周期性自转和公转，使得地球上各地区风能、太阳能具有一定的规律性，而资源量与风力发电、光伏发电的发电量有直接的关联关系，通过资源预测实现电量预测是新能源中长期电量预测的有效途径。

6.3.1 资源量与发电量的关联性分析

电量与资源量的内在关联关系是基于资源预报的电量预测方法的基础。

风能资源量与电量的关联关系和太阳能资源量与电量的关联关系存在差异。

6.3.1.1　风能资源量与发电量关联关系

风电机组输出功率与风速的三次方成正比，风速是影响风电机组/风电场输出功率的最重要因素，对于给定的风电场，通过引入空气密度和风速参量，能够较为准确地获得风电场的发电情况。图 6-19 为河北省某风电场风速预报与风电场实际功率的关系。

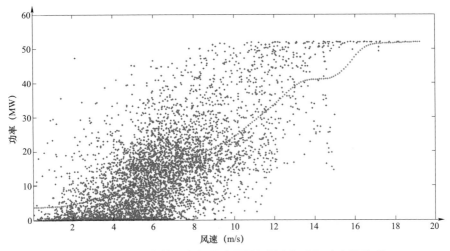

图 6-19　河北省某风电场风速预报与风电场实际功率的关系

由图 6-19 可以看出，在各类因素影响下，资源预报量与电量的关系变为复杂的非线性关系，如果资源量—电量转化关系与实际不匹配，则将导致转化结果存在较大偏差，从而使电量预测结果的误差增大。

6.3.1.2　太阳能资源量与发电量关联关系

太阳能资源参量与光伏电站输出功率在自然辐照度范围内呈现线性关系。

图 6-20 为实测辐照度与光伏电站实际功率的理论示意关系图，横轴为辐照度（W/m²），纵轴为光伏电站实际功率（W）。实际上，预测的辐照度与实际辐照度存在偏差，使得预测辐照度与光伏电站实际功率的关系与真实情况存在较大差异，如图 6-21 所示，其中，横轴为预测辐照度（W/m²）。

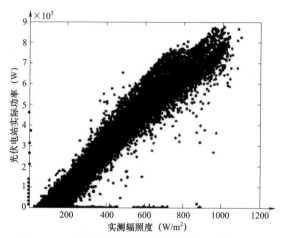

图 6-20　实测辐照度与光伏电站实际功率关系图

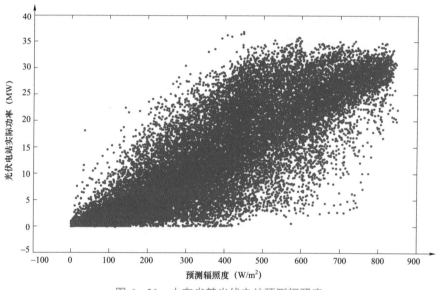

图 6-21　山东省某光伏电站预测辐照度
与光伏电站实际功率关系图

　　由图 6-21，并结合图 6-20 可以看出，如采用理论的辐照度与功率转化关系，以预报辐照度作为输入获得的输出功率将产生较大误差。因此，在光伏电站中长期电量预测中需采用非线性映射建模方法，实现预测辐照度与实际发电量的转化。

6.3.2　人工神经网络预测方法

人工神经网络能够高维非线性构建气候态预报结果参量与中长期电量的映射关系,实现基于气候态预报结果的中长期电量预测。BP 神经网络(back propagation neural network)是人工神经网络中应用较为广泛的一种神经网络,本书以 BP 神经网络为例,介绍基于气候态预报结果的中长期电量预测方法。

6.3.2.1　BP 神经网络介绍

BP 神经网络是指基于误差反向传播算法的多层前向神经网络,采用有导师的训练方式。它是 D.E.Rumelhart 和 J.L.McCelland 及其研究小组在 1986 年研究并设计出来的。BP 神经网络的特点包括:① 能够以任意精度逼近任何非线性映射,实现对复杂系统建模;② 可以学习和自适应未知信息,如果系统发生变化就可以通过修改网络的连接值而改变预测效果;③ 分布式信息存储与处理结构,具有一定的容错性,因此构造出来的系统具有较好的鲁棒性;④ 多输入、多输出的模型结构,适合处理复杂问题。

BP 神经网络除输入输出节点外,还有一层或多层隐含节点,同层节点中没有任何连接。输入信号从输入层节点依次传过各隐含节点,然后传到输出层节点,每层节点的输出只影响下一层节点的输出。BP 神经网络整体算法成熟,其信息处理能力来自对简单非线性函数的多次复合。BP 神经网络结构示意如图 6-22 所示。

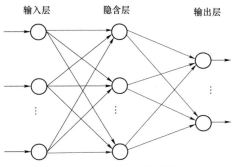

图 6-22　BP 神经网络结构示意

只要隐含层神经元的个数充分多,隐含层神经元激活函数为线性函数的三层神经网络就可以逼近任何函数。BP 神经网络通过简单非线性处理单元的复合映射，可以获得复杂的非线性处理能力。

6.3.2.2 BP 神经网络算法的改进

BP 神经网络算法本身存在一些不足之处，如对网络进行训练后，可能出现使网络不能收敛到全局最小、收敛速度慢等情况。通常 BP 神经网络算法的改进方法如下。

（1）改变学习率 η。BP 神经网络算法的有效性和收敛性，在很大程度上取决于学习率 η 的值。η 的最优值与具体问题有关。即使对某一特定问题，也很难找到一个自始至终都合适的 η 值。训练开始时较合适的 η 值，后来不一定合适。多年来，围绕学习率的变化，提出了如下主要方法。

1）学习率渐小法。本方法适用于每个训练模式更新的 BP 神经网络，因为人们知道，开始学习时学习率比较大，有利于加快学习速度，而快到极值点时，学习率减小就有利于收敛。学习率变化规则为

$$\eta(n) = \frac{\eta(n)}{1 + n / r} \tag{6-4}$$

式中 n——学习步数；

r——学习率调节常数。

常值参数 r 能够被用于调节学习率。在前 r 学习步之后，学习率被这个更新规则减慢。通过在训练期间使用实时减小的学习率，既能在开始阶段加快学习速度，又能在学习后期利于收敛。但最优 r 值只能通过不断的人工调试才能得到。

2）自适应学习率。1989 年和 1990 年，R. Salomon 用一种简单的进化策略来调节学习率。其基本指导思想是：在学习收敛的情况下，增大 η，以缩短学习时间；而当 η 偏大致使全局误差不能收敛时，要及时减小 η，直到收敛为止。

（2）加入动量项。η 值大，网络收敛就快，但 η 值过大也会引起不稳定；η 值小，可以避免不稳定，但收敛速度就慢了。要解决这一矛盾，最简单的方法就是加入动量项，反向传播的动量改进权值修正公式为

$$\Delta w_{ij}(n) = \alpha \Delta w_{ij}(n-1) - \eta \frac{\partial E}{\partial w_{ij}} \tag{6-5}$$

式中　$\Delta w_{ij}(n)$ ——第 n 步学习时节点 i 和节点 j 间的权重系数的训练调节值；

　　　α ——动量系数，通常为正数；

　　　n ——学习步数；

　　　E ——训练误差。

在 BP 神经网络算法中加入动量项不仅可以微调权值的修正量，也可以使学习避免陷入局部最小的情况。后文的神经网络模型用到了这些方法，但是，神经网络的学习是在离线状态下完成的，学习时间并不是一个关键矛盾，而预测精度是最重要的。

6.3.2.3　BP 神经网络的泛化能力

神经网络的训练过程实际上是网络对训练样本内在规律的学习过程，而对网络进行训练的目的主要是为了让网络对训练样本以外的数据具有正确的映射能力。神经网络的泛化能力是指神经网络对训练样本以外的新样本的适应能力，也称为神经网络的推广能力，被认为是衡量神经网络性能的重要指标，具有泛化能力的神经网络可以在实际中应用，否则，不具备应用价值。

神经网络的泛化能力受以下几个因素影响：

（1）样本的特性。只有当训练样本足以表征所研究问题的主要特征时，网络通过合理的学习机制才可以使其具有泛化能力，合理的采样结构是神经网络具有泛化能力的必要条件。

（2）网络自身的因素。网络自身的因素有网络的结构、初始值及网络的学习算法等。网络的结构主要包括网络的隐层数、隐层节点的个数和隐层节点的激活函数。

当隐层节点函数有界时，三层前向网络具有以任意精度逼近定义在紧致子集上的任意非线性函数的能力。这说明采用三层 BP 神经网络，隐层节点函数为 Sigmoid 函数，输出节点函数采用线性函数，完全可以达到网络逼近的要求。网络隐层节点不能过多，否则会产生"过拟合"现象，影响网络的泛化能力。在满足精度的要求下，逼近函数的阶数越少越好，低阶逼近可以有效防止"过拟合"现象，从而提高网络的预测能力。

神经网络初始值的选择也会影响网络的泛化能力。一般随机给定一组权值,然后采用一定的学习规则,在训练中逐步调整,最终得到一组较好的权值分布。由于 BP 神经网络算法是基于梯度下降方法,不同的初始权值可能会导致不同的结果。如果取值不当,就可能引起震荡不收敛,即使收敛也会导致训练时间增长,或陷入局部极值点,得不到合适的权值分布,影响网络的泛化能力。

6.3.2.4　基于 BP 神经网络的电量预测模型

采用基于 BP 神经网络的方法对电量进行预测,主要分为两个步骤:模型训练和模型预测。模型训练输入的训练样本为气候预测模式下的日均风速和历史日电量数据,用以计算神经网络的模型参数;模型预测时神经网络的输入为未来一年的日均风速数据,输出为未来一年的每日电量预测值。

气候预测模式生产的数据包含风速、风向、气温、湿度等 200 余种,风电中长期电量预测模型的引入参量主要为气温、气压、30m 和 100m 层高风速等的日均值,且需进行归一化。作为目标的日电量数据也需进行归一化,归一化参量为按开机容量满发下的日电量值。中长期电量神经元网络模型的建模流程如图 6-23 所示,由于历史功率是把握规律的重要信息,对于无历史功率数据,且数据时间长度不足 1 年的新建场站需采用物理方法构建气候态 NWP 参量与发电功率的映射关系。

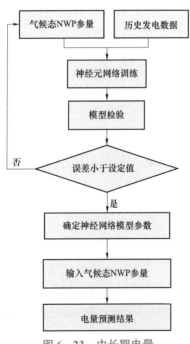

图 6-23　中长期电量
神经元网络模型的建模流程

6.3.3　卡尔曼滤波方法

卡尔曼滤波方法是基于资源预测结果的人工神经网络方法的重要补充,其通过推导月度参量并转化推导参量至发电量,实现中长期电量预测,与基于气候态预测结果的人工神经网络方法相结合可获得较好的预测结果。基于卡尔曼滤波的中长期电量预测方法包括资源预测结果特征参量提取、特征参量推导及特征参量与电量的转化等。

6.3.3.1　历史资源模拟数据释用方法

中长期电量不关注小尺度序列特性，因而可将历史模拟风速数据转化为统计特性的威布尔分布参数，电量预测中以威布尔分布参数作为预测目标。双参数威布尔分布是一种单峰的双参数分布函数簇，其概率密度函数（风频曲线）为

$$f(v) = \frac{k}{c}\left(\frac{v}{c}\right)^{k-1} \exp\left[-\left(\frac{v}{c}\right)^{k}\right] \tag{6-6}$$

式中　v——风速，m/s；

　　　k——形状参数，决定平均风速的变化范围，如图 6-24（a）所示；

　　　c——尺度参数，决定风频曲线的峰值大小，如图 6-24（b）所示。

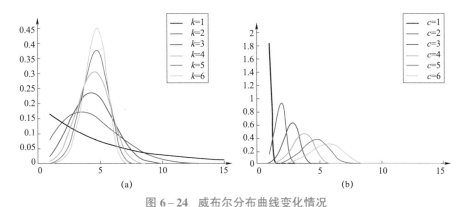

图 6-24　威布尔分布曲线变化情况

（a）k 变化时威布尔分布曲线变化情况（$c=5$）；（b）c 变化时威布尔分布曲线变化情况（$k=5$）

根据数据条件的不同，威布尔分布参数 k、c 的估算方法也不同。

（1）如果具备连续、高频的风速观测数据，建议采用以平均风速和标准差估算两个参数。

以平均风速 $\bar{v}$ 估计 μ，以标准差 S_v 估计 σ

$$\mu = \bar{v} = \frac{1}{n}\sum_{i=1}^{n} v_i \tag{6-7}$$

$$\sigma = S_v = \sqrt{\frac{1}{n}\sum_{i=1}^{n}(v_i - \mu)^2} \qquad (6-8)$$

式中　v_i——风速观测序列，m/s；

　　　n——计算时段内风速序列个数。

威布尔分布参数 k、c 按下式估计：

$$k = \left(\frac{\sigma}{\mu}\right)^{-1.086} \qquad (6-9)$$

$$c = \frac{\mu}{\Gamma(1+1/k)} \qquad (6-10)$$

式中　$\Gamma(1+1/k)$——伽马函数，可通过查伽马函数表求得。

（2）如果观测站无风速计实时观测，仅具备每日 3～4 次定时观测数据，则风能资源参数可采用多年年平均风速及年最大风速估算威布尔分布参数 k、c，并实现提取。

$$k = \frac{\ln[\ln(T)] - 0.140\,7}{\ln(v_{max}/\overline{v}) - 0.186\,7} \qquad (6-11)$$

$$c = \frac{\overline{v}}{\Gamma(1+1/k)} \qquad (6-12)$$

式中　T——逐 10min 分辨率的 1 年的时间序列样本量，$T = 365 \times 24 \times 6$；

　　　$\overline{v}$——n 年年平均风速，m/s；

　　　v_{max}——n 年年最大风速，m/s。

在中长期电量预测中，主要分析历史每月模拟风速的威布尔分布参数，以模拟风速代替观测风速，相当于具备连续、高频的风速观测数据，因此，可以用平均风速和标准差估算两个参数，实现历史月度资源参量的提取。

对光伏电站而言，在具体区域内，光伏资源的分布几乎不受局部地区地形的影响，一定范围内的辐照度数据差异较小，因而可直接利用区域内或邻近区域内的每月历史模拟辐照度的平均值，作为光伏电站的历史月度资源参量。

6.3.3.2　中长期气象参数预测方法

中长期气象参数预测的对象是月度威布尔分布参数值和月度平均辐照度值，风电为威布尔分布参数，光伏发电为平均辐照度。经分析研究，可通过序列分析的统计方法进行预测，同时集合预测对象的特点，采用卡尔曼滤波方法和自回归滑动平均（ARMA）方法实现对中长期气象数据的预测。本书主要介绍卡尔曼滤波方法。

卡尔曼滤波方法以最小均方误差为最佳估计准则，采用信号与噪声的状态空间模型，利用前一时刻的估计值和当前时刻的观测值来更新对状态变量的估计，求出当前时刻的估计值，算法根据建立的系统方程和观测方程对需要处理的信号做出满足最小均方误差的估计。其不仅有滤波器模型，还具有预报器模型，通过对模型参数的估计，实现对观测数据的预报，因而可用于气象参数的预测。

将历年同月气象的发展过程看作是一个状态转换过程，卡尔曼滤波方法将状态空间理论引入到对物理系统的数学建模过程中来，其假设月度气象参数可以用 n 维空间的一个向量 $X \in R_n$ 来表示。定义月度气象参数为 $X \in R_n$，系统无输入，于是可得系统的状态随机差分方程为

$$X_k = AX_{k-1} \tag{6-13}$$

式中　A——状态转移矩阵，由于历年同月气象参数具有一定的稳定性，因而状态转移矩阵可取为单位阵。

定义待预测月度气象参数变量 $Z_k \in R^m$，量测噪声为 V_k，得到量测方程为

$$Z_k = HX_k + V_k \tag{6-14}$$

式中　H——测量矩阵；

　　　V_k——正态分布的高斯白噪声，假设 R 为观测噪声协方差矩阵，满足

$$V_k \sim N(0, R) \tag{6-15}$$

月度气象参数卡尔曼滤波预测模型包括两个主要过程：预估和校正。预估过程主要是利用时间更新方程建立对当前月度气象状态的先验估计，及时向前推算当前月度气象状态变量和误差协方差估计的值，给出气象参数预测结果，同时为下一个时间状态构造先验估计值；校正过程负责反馈，利用测量更新方程在预估过程的先验估计值及当前测量气象参数变量的基础上建立起对当前气象参数状态改进后的后验估计。月度气象参数离散卡尔曼滤波的时间更新方程为

$$\hat{X}_k^- = A\hat{X}_{k-1} \tag{6-16}$$

$$P_k^- = AP_{k-1}A^{\mathrm{T}} \qquad (6-17)$$

状态更新方程为

$$K_k = P_k^- H^{\mathrm{T}}(HP_k^- H^{\mathrm{T}} + R)^2 \qquad (6-18)$$

$$\hat{X}_k = X_k^- + K_k(Z_k - H\hat{X}_k^-) \qquad (6-19)$$

$$P_k = (I - K_k H)P_k^- \qquad (6-20)$$

式中 $\hat{X}_k^- \in \mathbf{R}^n$ ——第 k 步之前的状态已知的情况下第 k 步的先验月度气象参数估计值;

$\quad\quad \hat{X}_k \in \mathbf{R}^n$ ——待预测月度气象参数变量 Z_k 已知情况下第 k 步的后验月度气象参数状态估计值;

$\quad\quad A$ ——作用在 X_{k-1} 上的 $n \times n$ 状态变换矩阵;

$\quad\quad H$ —— $m \times n$ 观测模型矩阵,能把真实状态空间映射为观测空间;

$\quad\quad K_k$ —— $n \times m$ 的卡尔曼增益矩阵,是卡尔曼预测模型的关键过程数据;

$\quad\quad P_k^-$ 和 P_k ——先验估计误差的协方差矩阵和后验估计误差的协方差矩阵;

$\quad\quad I$ ——单位矩阵。

采用卡尔曼滤波模型预测月度气象参数的关键是合理确定历史月度气象参数的引入维度,即历史气象参数长度。目前无相关成熟技术,本书中通过遍历数据长度试验的方式确定。

6.3.3.3 气象参数与电量转化方法

(1)威布尔分布参数与电量转化方法。用于中长期电量预测的风能气象参数为威布尔分布的 $\hat{k}$、$\hat{c}$ 值,其预测方法前文已详细介绍,当获得具体某一风电场(第 j 风电场)的 $\hat{k}$、$\hat{c}$ 值之后,通过威布尔分布函数可获得具体风速水平 v_i 下的分布概率 $f_j(v_i)$,满足

$$f_j(v_i) = \frac{\hat{k}}{\hat{c}}\left(\frac{v_i}{\hat{c}}\right)^{\hat{k}-1} \exp\left[-\left(\frac{v_i}{\hat{c}}\right)^{\hat{k}}\right] \qquad (6-21)$$

对于给定月份,月内天数 d 已知,假设风速采样时间分辨率为 δ h/次,则样本总容量 $S = 24d/\delta$,于是可得风速水平取 v_i 下的分布频数为

$$N_j(v_i) = f_j(v_i)S \qquad (6-22)$$

进而可得 v_i 风速水平下的月内可发电量为

$$W_j(v_i) = f_j(v_i)N_j(v_i)\delta \qquad (6-23)$$

式中　f_j——第 j 风电场的实际功率曲线，可通过历史再分析风速数据与

　　　　实际功率数据采用非参数回归方法拟合获得；

　　　$f_j(v_i)$——月内第 j 风电场在 v_i 风速水平下的功率水平。

非参数回归方法样本总体的分布没有要求，该方法能够有效处理功率曲线的非线性问题，得到比理论功率曲线更准确的结果。其基本原理是：假设两组变量 X 和 Y 存在一定的函数关系

$$y_i = f(x_i) + \varepsilon_i \qquad (6-24)$$

式中　ε_i——随机误差。

对于取定的 x，虽不能确定 y 的值，但 y 的条件分布由 x 确定，因而对于给定的 $X = x$，$f(x) = E(Y \mid X = x)$。函数 $f(x)$ 即为 Y 对 X 的回归函数。采用核函数法构建非参数回归中的权函数，可得最终的核回归函数 $f(v)$ 为

$$f(v) = \left[\sum_{l=1}^{s} K\left(\frac{v - v_l}{h}\right)p_l\right] \bigg/ \sum_{l=1}^{s} K\left(\frac{v - v_l}{h}\right) \qquad (6-25)$$

式中　K——核函数；

　　　s——待拟合样本总数；

　　　h——核窗宽，可通过交叉验证法进行确定；

　　　p_l——风电场实际功率，kW。

当获得 v_i 风速水平下的月内可发电量 $W_j(v_i)$ 后，对所有风速水平下的电量进行累加便可得到第 j 风电场月度预测电量 W_j 为

$$W_j = \sum_{i=1}^{n} W_j(v_i) \qquad (6-26)$$

对区域内所有风电场月度电量加总获得区域月度电量 W 为

$$W = \sum_{j=1}^{m} W_j \qquad (6-27)$$

式中　n——风速水平个数；

　　　m——区域内风电场个数。

（2）平均辐照度与电量转化方法。光伏气象预测参数为月度平均辐照

度。辐照度与光伏电站功率存在正比线性关系，假设第 t 时刻光伏电站所在区域的辐照度为 E_t，则 t 时刻光伏电站的功率 P_t 为

$$P_t = aE_t + b \tag{6-28}$$

式中　a ——一阶系数；

　　　b ——常数项。

月度辐照度 $\bar{E}$ 为月内各时刻辐照度的平均值，于是

$$\bar{E} = \frac{\sum_{t=1}^{n} E_t}{n} \tag{6-29}$$

式中　n ——月内辐照度采样点数。

月度光伏发电量 W 为月内所有光伏电站功率相加的结果。

$$W = \sum_{t=1}^{n} P_t \tag{6-30}$$

可得

$$W = \sum_{t=1}^{n}(aE_t + b) = a\sum_{t=1}^{n} E_t + nb \tag{6-31}$$

可得

$$\sum_{t=1}^{n} E_t = n\bar{E} \tag{6-32}$$

将式（6-32）代入式（6-31）可得

$$W = na\bar{E} + nb \tag{6-33}$$

可以看出，月度光伏发电量与月度平均辐照度呈正比关系，在获得月度平均辐照度后，通过该式便可获得月度光伏发电量，其关键是确定一阶系数和常数项。

结合辐照度和电量数据特点，采用最小二乘法对上述公式中的参数进行辨识。最小二乘法要求在确定的引入数据窗宽 m 后，应使窗宽内所有月度光伏预测发电量 $\hat{W}$ 与目标月度发电量 W 的偏离平方和最小，即

$$\min Q = \sum_{i=1}^{m}(W_i - \hat{W}_i)^2 \tag{6-34}$$

令 $na = \alpha$ ， $nb = \beta$ ，于是

$$W_i = \alpha \overline{E}_i + \beta \qquad (6-35)$$

代入式（6-34）可得

$$\min \sum_{i=1}^{m}(W_i - \alpha \overline{E}_i - \beta)^2 \qquad (6-36)$$

根据极值原理，一元线性回归系数的估计值可通过求解为

$$\begin{cases} \dfrac{\partial Q}{\partial \alpha} = -2\sum_{i=1}^{m}(W_i - \alpha \overline{E}_i - \beta)\overline{E}_i = 0 \\ \dfrac{\partial Q}{\partial \beta} = -2\sum_{i=1}^{m}(W_i - \alpha \overline{E}_i - \beta) = 0 \end{cases} \qquad (6-37)$$

可得

$$\begin{cases} \sum_{i=1}^{m}W_i\overline{E}_i = \alpha\sum_{i=1}^{m}\overline{E}_i^2 + \beta\sum_{i=1}^{m}\overline{E}_i \\ \sum_{i=1}^{m}W_i = \alpha\sum_{i=1}^{m}\overline{E}_i + m\beta \end{cases} \qquad (6-38)$$

最终可求得

$$\begin{cases} \alpha = \dfrac{m\sum\limits_{i=1}^{m}W_i\overline{E}_i - \sum\limits_{i=1}^{m}W_i\sum\limits_{i=1}^{m}\overline{E}_i}{m\sum\limits_{i=1}^{m}\overline{E}_i^2 - \left(\sum\limits_{i=1}^{m}\overline{E}_i\right)^2} \\ \beta = \dfrac{1}{m}\sum\limits_{i=1}^{m}W_i - \dfrac{\sum\limits_{i=1}^{m}\overline{E}_i\sum\limits_{i=1}^{m}W_i\overline{E}_i - \dfrac{1}{m}\sum\limits_{i=1}^{m}W_i\left(\sum\limits_{i=1}^{m}\overline{E}_i\right)^2}{m\sum\limits_{i=1}^{m}\overline{E}_i^2 - \left(\sum\limits_{i=1}^{m}\overline{E}_i\right)^2} \end{cases} \qquad (6-39)$$

该方法的关键是合理确定历史窗宽 m 的大小，本书采用遍历的方法进行试验获得。

6.4　算　例　分　析

以气候预测的资源数据为输入，采用人工神经网络方法实现中长期电量预测的方法和以历史模拟资源数据为输入，采用时序分析方法实现中长

期电量预测的方法存在较大的差异，本节分别对这两种方法进行实例分析。

6.4.1 人工神经网络方法算例分析

6.4.1.1 风力发电中长期电量预测算例分析

本节采用改进的神经元网络方法对华北某省风电中长期电量进行预测。建模数据为 2011~2015 年气候预测模式给出的每日平均风速和日发电量数据，测试数据为 2016 年。图 6-25 给出了所构建的 BP 神经网络模型对 2016 年 12 个月各月风力发电电量的预测结果。

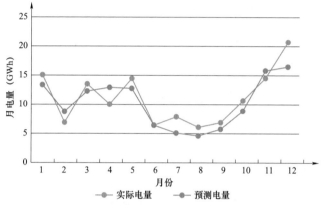

图 6-25　华北某省 2016 年各月风力发电电量的预测结果

由图可直观看出，在较长时间尺度下，以气候预测提供的资源预测结果作为输入数据，采用 BP 神经网络方法能较好地实现电量预测。对预测结果进行偏差分析，结果显示，平均相对百分误差为 8.1%，均方根误差为 9.8%，可满足实际应用需求。

6.4.1.2 光伏发电中长期电量预测算例分析

同样也以华北某省为例进行分析，以气候预测提供的日平均辐照度参量作为输入，同时考虑温度的影响，以实际日发电量数据为目标，采用 BP 神经网络构建转化模型，获得 2016 年各月的发电量预测结果如图 6-26 所示。实例中采用装机容量对电量进行归一化，即以发电利用小时数作为电量预测结果。

由图 6-26 的预测结果可以看出，采用本方法较好地实现了光伏发电年度各月电量的预测，预测电量的变化趋势与实际情况相符，统计电量预

测结果的均方根误差为 9.47%，年度电量相对偏差为 0.26%，基本满足应
用需求。

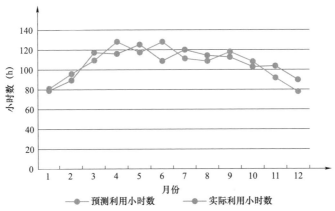

图 6-26　华北某省 2016 年各月光伏发电电量预测结果

6.4.2　卡尔曼滤波方法算例分析

采用与 6.4.1 中相同的数据，对时间序列推导的电量预测方法进行测
试。输入数据为华北某省各风电场所在区域的历史模拟气象数据，输出数
据为 2016 年该省各月电量数据。由于该省风电场较多，仅随机选取 4 个风
电场进行展示说明。华北某省 4 个风电场 1985～2015 年再分析风速数据如
图 6-27 所示。

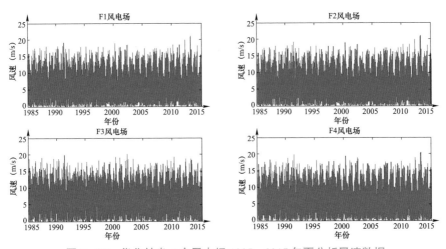

图 6-27　华北某省 4 个风电场 1985～2015 年再分析风速数据

根据中长期气象参数提取方法，计算各风电场每年各月的威布尔分布参数，其中 F1 风电场的威布尔分布参数见表 6-7、表 6-8。

表 6-7　　F1 风电场 1985～2013 年各月威布尔分布参数 c 值

年份	1 月	2 月	3 月	4 月	5 月	6 月	7 月	8 月	9 月	10 月	11 月	12 月
1985	8.07	8.16	8.55	8.07	7.41	6.91	5.59	5.17	6.03	6.93	8.94	8.81
1986	9.13	7.85	7.69	9.25	7.31	7.54	5.18	5.30	5.87	6.86	8.33	7.77
1987	9.01	8.74	8.35	8.37	7.95	6.83	6.43	6.27	6.96	7.59	8.56	9.44
1988	9.03	8.25	8.02	9.86	7.96	6.76	5.27	5.02	4.96	7.16	10.08	8.69
1989	6.75	6.89	9.08	7.35	7.58	7.00	6.35	5.09	6.63	7.69	7.16	7.25
1990	7.75	6.59	6.88	9.48	7.76	6.86	5.98	5.17	6.04	5.87	8.13	8.77
1991	7.51	8.16	7.58	8.21	7.45	6.62	5.78	4.69	6.20	7.88	8.81	7.20
1992	7.82	8.29	6.72	9.59	6.48	6.94	6.33	5.28	6.81	6.32	8.58	7.84
1993	7.57	8.61	6.68	7.87	7.59	6.50	5.75	5.25	7.28	7.40	7.50	9.54
1994	8.87	7.00	7.80	7.81	9.00	6.01	5.70	5.05	7.01	7.38	6.95	8.17
1995	8.99	6.64	8.71	9.26	8.32	6.12	5.35	4.57	6.32	7.82	8.87	8.62
1996	8.52	8.61	9.21	8.04	7.51	6.61	5.32	4.91	5.97	7.03	8.84	9.25
1997	7.69	7.98	6.75	6.87	8.50	6.79	5.85	6.22	6.82	9.03	6.90	8.04
1998	8.51	7.05	7.39	8.05	7.27	6.24	5.67	5.53	6.70	7.57	8.41	8.56
1999	9.11	9.37	7.98	8.58	6.76	6.44	5.04	5.58	6.28	7.99	7.91	9.08
2000	8.09	7.52	8.44	9.93	7.20	5.40	6.32	5.53	5.44	7.34	8.21	8.81
2001	8.63	7.59	9.77	8.28	8.16	5.21	5.49	4.90	5.58	6.37	7.83	8.59
2002	9.09	7.33	9.15	9.36	6.07	7.05	5.04	4.82	5.65	7.89	9.07	7.48
2003	8.64	7.59	6.72	7.62	6.49	6.02	5.77	5.51	5.88	7.93	7.67	9.43
2004	8.57	10.26	9.11	8.05	8.53	5.27	5.28	4.88	6.24	6.41	7.94	8.00
2005	9.02	7.55	9.16	9.49	8.02	6.28	5.28	4.49	5.24	7.30	8.10	9.85
2006	6.95	8.78	9.22	9.17	7.33	6.15	5.56	4.68	5.95	6.91	8.47	8.10
2007	8.07	7.87	7.93	8.20	8.84	5.41	5.21	5.31	4.59	7.17	7.61	8.51
2008	7.68	8.50	8.17	8.15	8.11	5.61	4.82	5.15	5.75	7.53	8.45	9.83
2009	9.12	7.62	8.76	7.64	7.72	7.76	5.12	4.85	6.41	7.74	8.02	9.02
2010	9.63	7.61	8.61	8.54	8.43	5.58	5.28	5.47	5.35	7.13	8.51	11.14
2011	9.38	6.84	9.04	8.09	8.70	5.90	5.02	5.01	5.67	6.33	6.50	8.06
2012	7.75	8.97	8.16	9.17	7.75	6.16	5.56	5.16	5.75	7.54	9.12	8.55
2013	8.19	8.55	8.72	9.29	7.37	6.42	5.38	6.00	6.19	6.90	9.10	8.91

表 6-8 　　F1 风电场 1985～2013 年各月威布尔分布参数 *k* 值

年份	1 月	2 月	3 月	4 月	5 月	6 月	7 月	8 月	9 月	10 月	11 月	12 月
1985	2.97	3.11	2.94	2.56	2.96	2.83	2.48	2.36	2.27	3.48	3.56	3.53
1986	3.21	3.21	2.56	3.11	2.14	3.18	2.34	2.20	2.43	2.65	3.47	2.68
1987	3.47	2.94	2.83	3.31	2.78	2.87	2.67	2.53	3.19	3.61	3.28	4.47
1988	3.14	2.77	2.38	3.01	2.76	2.92	2.96	2.24	2.71	2.79	3.08	2.85
1989	2.58	2.15	3.17	2.40	2.64	2.19	2.85	2.52	2.60	3.19	2.38	2.85
1990	2.62	2.48	2.46	2.92	2.58	2.55	2.32	2.88	2.35	2.71	2.49	2.57
1991	2.60	2.17	2.95	2.54	2.38	2.06	2.37	2.49	2.23	2.54	3.49	2.34
1992	3.15	3.97	2.81	2.80	2.53	2.73	3.12	3.04	2.94	2.19	3.24	2.80
1993	3.14	2.40	2.23	2.21	2.33	2.92	2.87	2.31	2.31	2.48	2.35	3.15
1994	3.33	2.28	2.87	3.00	2.55	2.51	2.75	2.71	2.81	3.35	2.68	3.49
1995	3.70	2.73	2.93	2.96	2.77	2.75	2.19	2.08	2.30	2.60	2.66	3.06
1996	3.58	3.64	3.04	2.36	2.47	2.67	2.53	2.03	3.24	2.91	2.95	3.12
1997	2.37	2.69	2.21	2.63	2.70	2.73	2.55	2.46	2.39	3.73	2.82	2.58
1998	2.43	2.15	2.16	2.76	2.96	2.34	2.33	2.99	3.57	2.95	3.09	3.18
1999	3.14	2.66	3.11	3.05	2.29	2.75	2.54	2.74	3.18	2.80	2.76	3.54
2000	2.71	2.57	2.35	2.85	2.50	2.30	2.86	3.07	2.43	2.99	3.33	3.38
2001	2.71	3.06	3.14	2.98	3.05	2.54	2.72	2.58	2.67	2.64	3.12	2.54
2002	2.99	2.73	2.80	2.57	2.80	2.24	2.03	2.30	2.45	2.55	3.12	2.80
2003	2.89	2.81	2.29	2.31	2.75	2.34	2.92	2.56	2.79	2.72	2.69	2.86
2004	2.61	3.33	2.86	3.08	2.97	2.23	2.24	2.23	2.52	2.54	3.10	2.67
2005	3.10	2.37	3.16	3.30	2.55	2.11	2.80	2.41	2.30	2.93	2.96	2.75
2006	2.31	3.24	2.80	2.78	2.89	2.03	2.66	2.80	2.26	3.21	2.48	2.90
2007	2.24	2.65	2.05	2.96	2.46	2.47	2.47	2.92	2.32	2.56	2.51	2.14
2008	2.52	3.44	2.59	2.48	2.19	2.55	2.58	2.47	2.53	2.44	2.78	3.63
2009	2.68	2.83	2.81	2.48	2.86	2.75	2.39	2.53	2.57	2.76	3.09	3.09
2010	2.89	3.62	2.62	2.58	2.62	2.59	2.44	2.26	2.11	2.75	3.19	4.45
2011	3.65	2.45	3.45	2.26	2.99	2.89	2.34	2.83	2.90	2.60	2.32	2.38
2012	2.61	2.66	2.18	2.98	2.72	3.05	2.61	2.69	1.84	2.94	2.66	2.35
2013	3.33	3.06	2.66	2.74	2.51	2.49	2.54	2.80	2.62	2.58	2.87	2.75

引入 ARMA 方法进行对比，采用卡尔曼滤波方法和 ARMA 方法分别对各风电场 2016 年各月的威布尔分布参数进行预测，采取遍历试验方法确定最佳引入历史数据时间长度为 20 年，其中，卡尔曼滤波方法中，状态变换矩阵 A 取单位矩阵，测量矩阵 $H = [1/20, \cdots, 1/20]$ 为 1×20 矩阵。卡尔曼滤波方法和 ARMA 方法对 F1 风电场 2012~2016 年的威布尔分布参数进行预测，将预测结果与实际威布尔分布参数进行比较，所得的均方根误差情况如图 6-28、图 6-29 所示。

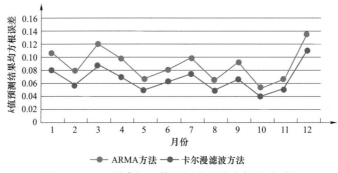

图 6-28　F1 风电场 k 值预测结果均方根误差对比

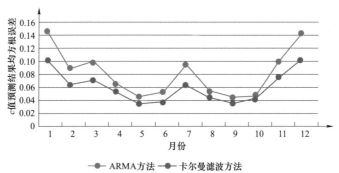

图 6-29　F1 风电场 c 值预测结果均方根误差对比

　　可以看出，卡尔曼滤波方法的气象参数预测结果优于 ARMA 方法。采用卡尔曼滤波方法对某省各风电场 2016 年各月的威布尔分布参数进行预测，其中，F1 风电场的预测结果如表 6-9 所示。

表 6-9　　F1 风电场 2016 年各月威布尔分布参数预测结果

月份（月）	卡尔曼滤波方法	
	k 值	c 值
1	2.50	6.87
2	3.07	6.80
3	2.84	8.54
4	2.81	9.01
5	3.10	6.25
6	2.54	6.09
7	2.57	4.47
8	2.25	4.62
9	2.20	5.82
10	2.65	7.35
11	2.39	7.24
12	2.55	10.89

根据各风电场历史功率数据和再分析风速数据，采用非参数回归方法，利用式

$$f(v) = \left[\sum_{l=1}^{s} K\left(\frac{v - v_l}{h} \right) p_l \right] \bigg/ \sum_{l=1}^{s} K\left(\frac{v - v_l}{h} \right) \qquad (6-40)$$

对各风电场的实际功率曲线进行拟合。

根据各风电场威布尔分布参数预测值，采用式（6-40）便可得到各风速水平下的概率分布。风速水平间隔取 0.1m/s，引入所获得的实际功率曲线，将风速转化为功率，根据式（6-22）、式（6-23）便可得出月度可发电量，采用式（6-27）对该省所有风电场的月度电量进行加总，便可获得该地区 2016 年各月可发电量，结果如表 6-10 所示。同时引入该地区 2016 年各月实发电量数据，对预测结果的误差情况进行统计，包括各月相对百分比误差和月度、季度、年度电量预测均方根误差。

表 6 – 10 　　　　　　 华北某省 2016 年各月可发电量预测结果

月份	实际电量（GWh）	卡尔曼滤波方法预测电量（GWh）
1	15.08	17.28
2	6.92	8.23
3	13.54	15.65
4	10.06	10.79
5	14.48	13.67
6	6.46	7.27
7	7.90	7.66
8	6.11	6.57
9	6.91	6.95
10	10.67	12.33
11	14.54	16.00
12	20.74	20.90

月相对百分比误差 β 为

$$\beta = \frac{W_f^m - W_r^m}{W_r^m} \times 100\% \qquad (6-41)$$

月度电量预测均方根误差 m_{rmse} 为

$$m_{rmse} = \frac{\sqrt{\frac{1}{n}\sum_i^n (W_{fi}^m - W_{ri}^m)^2}}{\frac{1}{n}\sum_{i=1}^n W_{ri}^m} \times 100\% \qquad (6-42)$$

季度电量预测均方根误差 q_{rmse} 为

$$q_{rmse} = \frac{\sqrt{\frac{1}{m}\sum_i^m (W_{fi}^q - W_{ri}^q)^2}}{\frac{1}{m}\sum_{i=1}^m W_{ri}^q} \times 100\% \qquad (6-43)$$

年度电量预测均方根误差 y_{rmse} 为

$$y_{rmse} = \frac{\sqrt{\frac{1}{l}\sum_i^l (W_{fi}^y - W_{ri}^y)^2}}{\frac{1}{l}\sum_{i=1}^l W_{ri}^y} \times 100\% \qquad (6-44)$$

式中 W_f^m ——预测月度电量，kWh；

W_r^m ——实际月度电量，kWh；

W_{fi}^q 和 W_{ri}^q ——季度预测电量和季度实际电量，kWh；

W_{fi}^y 和 W_{ri}^y ——年度预测电量和年度实际电量，kWh；

n、m 和 l ——参与统计的月度样本数、季度样本数和年度样本数。

华北某省 2016 年各月电量预测相对百分比误差和中长期电量预测百分比误差见表 6-11 和表 6-12。

表 6-11 华北某省 2016 年各月电量预测相对百分比误差

月份	卡尔曼滤波方法（%）	月份	卡尔曼滤波方法（%）
1	14.55	7	-3.03
2	18.99	8	7.56
3	15.57	9	0.55
4	7.22	10	15.53
5	-5.58	11	10.00
6	12.60	12	0.77

表 6-12 华北某省 2016 年中长期电量预测百分比误差

方法	月度（%）	季度（%）	年度（%）
卡尔曼滤波方法	11.01	9.81	7.41

由上述误差统计表能够看出，随着统计时间的增加，电量的相对误差逐渐减小，这是由于电量预测基于统计方法，与预测的时间尺度无关，因而随着时间区间的增加，在误差中和效应的作用下，相对误差逐渐减小。通过卡尔曼滤波方法获得的电量预测月度相对误差为 11.01%，季度相对误差为 9.81%，年度相对误差则降到了 7.41%，基本能够满足工程应用的需求。

第7章

新能源资源数据平台

新能源资源数据种类多、数据量大、统计方法多样，有必要利用高性能计算平台，结合地理信息系统（geographic information system，GIS）、大数据分析等技术，实现资源数据的有效整合、分布图的快速渲染展示及统计算法的便捷实现等，以便于高效地开展资源评估和中长期电量预测等工作。

7.1 数 据 组 成

7.1.1 资源数据构成

新能源资源数据包含风向、风速、总辐照度、法向直射辐照度等主要表征资源特点的数据，以及表征开发环境特征的变量，如温度、气压、湿度等。数据来源主要有气象部门观测数据、新能源场站观测数据和基于大气数值模式的资源模拟数据等。气象站观测数据一般时间分辨率为1～6h，主要分布在城郊区域。新能源场站观测数据一般时间分辨率为5～15min，主要分布在新能源场站区域。基于大气数值模式的资源模拟数据水平空间分辨率一般在几千米左右，时间分辨率一般为15min～1h。

7.1.2 地形数据

地形数据也是新能源资源评估关注的重要数据。目前全球多家地理机构和组织通过卫星遥感数据反演得到了地形网格化数据，常用的数据有以下几种。

（1）SRTM X 波段数据。德国宇航中心（Deutsches Zentrum für Luft–und Raumfahrt，DLR）2000 年在奋进号航天飞机开展航天飞机雷达地形测绘任务（shuttle radar topography mission，SRTM）时，同时用雷达观测全球的地形数据。该数据基于高精度的 X 波段雷达进行测量，但只是呈网状覆盖全球，也就是说有些地方没有 DLR 数据。目前可公开下载的地形数据精度为 1′，高程相对精度为 6m，绝对精度为 16m。

（2）ASTER GDEM 数据。该数据是根据美国航空航天局（National Aeronautics and Space Administration，NASA）的新一代对地观测卫星 Terra 的观测结果制作完成的。其数据覆盖范围包括北纬 83°到南纬 83°之间的所有陆地区域。这是目前覆盖最广的高精度全球高程数据。2009 年开放了第一版数据的权限，中国科学院提供了镜像站点可以下载。目前使用较广的是 GDEM 数据，是对之前的 GDEM 数据的修正版，地形数据精度为 1′。

（3）SRTM C 波段数据。该数据由美国航空航天局 NASA 在 2000 年时利用奋进号航天飞机上的雷达观测所得，是以前使用最多的高程数据，覆盖了全球南北纬 60°以内的区域，有 SRTM1 和 SRTM3 两种，即分别是 1′和 3′精度的数据，对应精度为 30m 和 90m。谷歌公司开发的谷歌地球软件所使用高程数据即为 SRTM3。公开的数据覆盖中国区域的只有 90m 精度，中国科学院提供镜像站点。

7.1.3 地貌数据

地貌数据主要指土地利用类型资料，目前全球的土地利用类型有以下几类。

（1）基于美国地质勘探局（United States Geological Survey，USGS）数据，土地利用类型可以分为 24 种类型，如表 7–1 所示。

（2）基于国际地圈生物圈项目（international geosphere–biosphere program，IGBP）数据，利用 MODIS 卫星反演的 20 类土地利用类型，如表 7–2 所示。

表 7-1　　　　　　　　USGS-24 类土地利用类型

序号	土地利用类型	序号	土地利用类型
1	城市和建筑	13	常绿阔叶林
2	旱地农田和牧场	14	常绿针叶林
3	灌溉农田和牧场	15	混交林
4	旱地/灌溉农田和牧场的混合地	16	水
5	农田/草原混合地	17	草本湿地
6	农田/林地混合地	18	木本湿地
7	草原	19	贫瘠或稀疏植被
8	灌木丛	20	草本苔原
9	混合灌木丛/草原	21	森林苔原
10	稀树草原	22	混合苔原
11	落叶阔叶林	23	裸地苔原
12	落叶针叶林	24	冰雪

表 7-2　　　　　　　　MODIS-20 类土地利用类型

序号	土地利用类型	序号	土地利用类型
1	常绿针叶林	11	非季节性湿地
2	常绿阔叶林	12	农田
3	落叶针叶林	13	城市和建筑
4	落叶阔叶林	14	农田和自然植被混合地
5	混交林	15	冰雪
6	郁闭灌木丛	16	贫瘠或稀疏植被
7	稀疏灌木丛	17	水
8	多树草原	18	森林苔原
9	稀树草原	19	混合苔原
10	草原	20	裸地苔原

除以上资源、地形、地貌数据外，平台还可导入网架、交通、城镇、人口、经济以及政策等数据，可以作为资源评估、宏观选址等的重要依据。

7.2 平 台 架 构

根据新能源资源数据体量大且包含位置信息等特征,结合大数据存取分析技术和 GIS 可视化展示技术形成平台架构如图 7-1 所示,包含数据接入层(数据源)、基础平台层、数据业务层、应用层等组成部分。

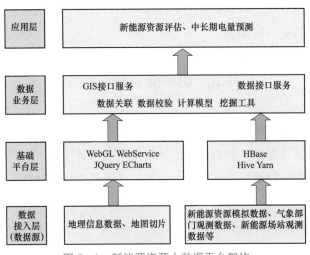

图 7-1 新能源资源大数据平台架构

(1)数据接入层(数据源):针对秒级查询的性能需求,采用大数据组件存储架构,对 GIS 地理数据、地图数据、资源模拟数据、观测数据等进行 rowkey 设计,便于 GIS 平台和大数据平台对数据文件进行快速读取。

(2)基础平台层:包括 GIS 平台和大数据平台。GIS 平台整合了WebGL、JQuery、ECharts 及 WebService 等技术的前端可视化应用;大数据平台基于开源的 Hadoop,采用 HBase 列式数据库,整合 Hive、Yarn 等工具,对数值模拟数据、监测数据等不同类型的海量数据:① 利用分布式采集组件进行抽取、转换、加载到平台上;② 按照处理逻辑构造分布式处理程序,打包上传到平台上进行调度执行;③ 将结果输出到 MPP 数据库或 NoSQL 数据库中,供业务层访问。

(3)数据业务层:对于入库后的数据进行多种后处理操作,包括监测数据的质量控制、时空关联特性分析、复合要素生成、模型维护、性能提升算法等，是大数据平台的核心功能层。该层还根据应用层需求提供标准数据接口服务。

（4）应用层：该层是与用户直接交互的界面，包含各类应用模块，如新能源资源评估、新能源中长期电量预测等。

为实现应用层功能的及时性并具有良好的体验，平台首要解决的是海量数据的快速存取，以及查询和渲染等问题，这些问题都需要基础平台层提供快速的数据吞吐能力。

7.3 功 能 模 块

7.3.1 数据分析

资源数据体量大、种类多，而且数据格式差别比较大，利用大数据技术实现对海量数据快速存取与渲染功能，是新能源资源数据平台应具备的基础功能。

7.3.1.1 数据快速存取

为了加快数据的存储与读取，经常利用的手段是进行分布式存储，即将一份完整的数据分成不同的部分，存储于不同的模块中。这种存储方式，相对于传统的数据存储方式，增加了数据安全性，也可以灵活地分配并行存储和计算的线程任务。目前比较常用的分布式存储方式是 Hadoop 方式。Hadoop 框架中最核心的设计就是 MapReduce 和 HDFS。MapReduce 的思想是由 Google 的一篇论文所提及而被广为流传的，简单用一句话解释 MapReduce 就是"任务的分解与结果的汇总"。HDFS 是 Hadoop 分布式文件系统（hadoop distributed file system）的缩写，为分布式计算存储提供了底层支持。

在程序设计中，一项工作往往可以被拆分成为多个任务，任务之间的关系可以分为两种：① 不相关的任务，可以并行执行；② 任务之间有相互的依赖，先后顺序不能够颠倒，这类任务是无法并行处理的。在分布式系统中，机器集群就可以看作硬件资源池，将并行的任务拆分，然后交由每一个空闲机器资源去处理，能够极大地提高计算效率，同时这种资源无关性，对于计算集群的扩展无疑提供了最好的设计保证。任务分解处理以后，就需要将处理好的结果再汇总起来，这就是 Reduce 要做的工作。

而 HDFS 是分布式计算的存储基石，Hadoop 的分布式文件系统和其他分布式文件系统有很多类似的特质。以下为分布式文件系统的几个基本特点。

（1）对于整个集群有单一的命名空间。

（2）数据一致性。适合一次写入、多次读取的模型，客户端在文件没有被成功创建之前无法看到文件存在。

文件会被分割成多个文件块，每个文件块被分配存储到数据节点上，而且根据配置会由复制文件块来保证数据的安全性。

7.3.1.2　数据快速渲染

数据快速渲染涉及的主要技术有利用内存计算技术对数据进行快速计算，利用线程池将并行操作的多线程进行合理的资源分配，以通过网格简化技术对计算好的结果进行快速渲染。

（1）内存计算。在传统计算过程中，数据存储在硬盘当中，需要计算时处理器从硬盘中读取数据存入内存中进行计算，计算完后释放内存。在处理大数据过程中，由于数据量极大，处理数据时频繁访问硬盘这些外存会降低运算速度。随着大容量内存技术的兴起，专家开始提出在初始阶段就把数据全部加载到内存中，而后可直接把数据从内存中调取出来，再由处理器进行计算。这样可以省去外存与内存之间的数据调入/调出过程，从而大大提升计算速度，即内存计算技术。

Spark 是一种与 Hadoop 相似的开源集群计算环境，但是两者之间还存在一些不同之处，这些不同之处使 Spark 在某些工作负载方面表现得更加优越，换句话说，Spark 启用了内存分布数据集，它除了能够提供交互式查询外，还可以优化迭代工作负载。

Spark 是在 Scala 语言中实现的，它将 Scala 语言用作其应用程序框架。与 Hadoop 不同，Spark 和 Scala 能够紧密集成，其中的 Scala 可以像操作本地集合对象一样轻松地操作分布式数据集。

（2）线程池。在对海量数据进行多线程并行计算过程中，每个请求创建新线程的服务器在创建和销毁线程上花费的时间和消耗的系统资源，甚至可能要比花费在处理实际的用户请求的时间和资源要多得多。除此之外，活动的线程也需要消耗系统资源。如果在一个任务中创建太多的线程，可能会导致系统由于过度消耗内存或者"切换过度"而导致系统资源不足。为了防止资源不足，服务器应用程序需要一些办法来限制任何给定时刻处理的请求数目，尽可能减少创建和销毁线程的次数，特别是一些资源耗费比较大的线程的创建和销毁，尽量利用已有对象来进行服务，这就是"池化资源"技术产生的原因。

线程池主要用来解决线程生命周期开销问题和资源不足问题，通过对多个任务重用线程，线程创建的开销被分摊到多个任务上了，而且由于在请求到达时线程已经存在，所以消除了创建所带来的延迟。这样，就可以立即请求服务，使应用程序响应更快。另外，通过适当地调整线程池中的线程数据可以防止出现资源不足的情况。

（3）网格简化。针对 GIS 中风能和太阳能数据网格，通常根据网格上点分布和点上的属性值，设定区域合并方法，将网格数据点简化，以减少数据传输量，提高渲染速度。

网格简化的本质是在尽可能保持原始模型特征的情况下，最大限度地减少原始模型的三角形和顶点的数据。通常包括两个原则：① 顶点最少原则，在给定误差上界的情况下，使得简化模型的顶点数最少；② 误差最小原则，给定简化模型顶点个数，使得简化模型与原始模型之间的误差最小。首先，原网格的每个顶点与简化网格的距离都在一个用户可控制的范围内；其次，三角形合并的过程不可逆，这就意味着不需要存储多余的信息，速度快，适合规模较大的网格。

网格合并需要根据网格的值确定相同区域内的网格数量，如果左侧网格和右侧网格的数值小于阈值，就可以划为一类。

合并为一类的网格，需要计算包围多边形的值，包围多边形可以涵盖所有同类的四边形，它的值通过差值的方式计算得到。差值的方法是将所有同区域的多边形的值累计求和，求和的时候需要考虑加权的方式，如果某一个多边形面积较大，那么它对整体数值的影响也较大，同一区域内数据的浮动也不能超过阈值，否则会影响真实数据的可视化效果。简化后的网格顶点数据和属性数据需要送入 WebGL 中进行渲染。

7.3.2　数据检索与查询

基于 GIS 的气象资源数据查询与分析是平台的基础功能，包括点查询、线查询、区域查询等多种查询和分析功能。

7.3.2.1　点查询

可视查询功能是指基于 GIS 平台对后端数据进行各种查询操作。数据查询涉及查询速度、查询精度及查询适用性等方面。如何快速高效地获取查询结果，并为用户提供人性化的查询接口是平台的优化目标。

点查询可以快速获取设备的详细信息，以及该点相关的其他特征属性和 GIS 信息，以供用户分析，同时支持多点选择的功能。

7.3.2.2　线查询

线查询主要指基于 GIS 系统的距离查询，利用边界的交互式方法，在 GIS 界面上划出一定的路径，可以实时得到该路径的距离，单位为千米。平台距离计算方法应尽量避免由于投影等因素造成的距离计算误差，将路径的距离精度控制在用户可接受的范围之内。

三点路径需使用鼠标点取路径点，在最后一个点的位置实时显示路径的距离，便于对资源数据等提供实时的在线交互工具。

7.3.2.3　区域查询

区域查询通过用户的鼠标点击或者输入框输入，可以快速从后台数据库获取到响应区域的位置信息，并实时在前端渲染。

7.3.2.4　自定义多边形查询

自定义多边形查询，用户点击选择一个区域，可以快速查询自定义多边形内、中心点等信息。

7.3.2.5　条件查询

条件查询，用于查询满足特定条件的地区查询，如风功率密度大于 $300W/m^2$，所在区域海拔小于 3000m，坡度小于 3% 等条件。

7.3.3　资源评估

区域资源评估功能包含了区域资源量计算、资源特性分析及新能源基地宏观选址等内容。

（1）区域资源量计算。区域资源评估一般要求平台能对满足不同条件的资源进行展示和筛选，如地形、地貌、资源丰富程度等，并且可计算筛选后的区域资源量，也应能够计算资源评估中的各类中间量，如总储量、可开发面积、技术可开发量等。

（2）资源特性分析。平台中汇集了长期的资源数据，能方便地计算年变化、年际变化、主导风向等长期的资源统计特性。也可以在规划阶段利用长期的资源数据序列，模拟场站的风电功率序列，进而计算不同场站之间的电力互补关系，以便于提出有利于消纳的新能源基地宏观选址方案。

例如，对新疆自治区、甘肃省和宁夏自治区风电场进行资源互补性分析，如图7-2所示，可以发现由于西部干旱的气候条件，新疆自治区风电场和甘肃省风电场一日归一化风电功率波动可以从0附近迅速增加到0.8以上，但是宁夏自治区风电场一日归一化风电功率的波动则相对较小，在0~0.6之间，进行资源互补后，功率波动维持在0.1~0.6之间，波动幅值明显降低，波动速率明显放缓。

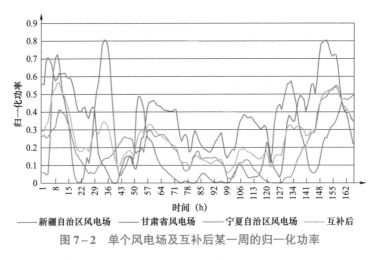

图7-2 单个风电场及互补后某一周的归一化功率

甘肃省风电场的风能资源品质最好，归一化功率在0.25~0.45出现的频率最多，功率相对稳定。新疆自治区风电场的功率特征表现为归一化功率 0.05 的相对较多，0.15～0.45 的中水平功率较小，0.55 以上功率较多，说明新疆自治区风电场极小功率和极大功率的频率都比较高，对调峰的要求更高。宁夏自治区的风能资源比较稳定，频率曲线分布更符合指数特征，但整体风速较小。而三个典型风场互补后，功率频率明显降低为 0.05，功率在 0.15 和 0.45 的频率持续增加，0.55 以上的功率频率明显比新疆和甘肃降低。互补后各阶段功率频率的统计如图 7-3 所示。

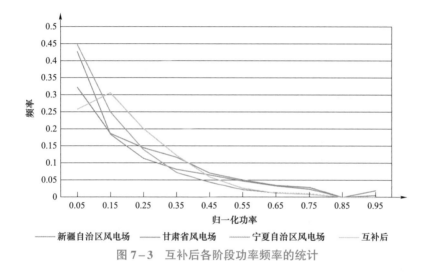

图 7-3　互补后各阶段功率频率的统计

（3）新能源基地宏观选址。新能源资源平台集合了新能源基地宏观选址所需的各类数据，而 GIS 技术有利于进行各种开发条件的综合筛选，如风功率密度大于 $300W/m^2$、所在区域海拔小于 3000m、坡度小于 3%、与最近电网接入点或城镇距离小于 10km 等，可以对新能源基地进行更为方便的宏观选址。

例如，使用新能源资源平台对北非地区进行基地宏观选址，首先对该地区太阳总辐射年总量大于 1700kWh/（$m^2·a$）的位置进行筛选，并剔除热带雨林、水体、城市及山地（坡度大于 5%）后的区域，依据周边网架规划、城市和道路等情况选出了 7 个大型太阳能发电基地，如图 7-4 所示。对 7 个选址基地的特点简述如下。

基地 1 和基地 2 位于埃及，属亚热带地中海气候，气候相对温和，两个基地距尼罗河沿岸城市约 30km。资源总面积约为 2.9 万 km²，可装机容量为 2.9 亿 kW，可利用小时总数超过 2246h，可开发的总容量 6636 亿 kWh。基地 3 和基地 4 位于阿尔及利亚东北部，属地中海气候，夏季炎热干燥，冬季温和多雨。其中，基地 3 距延杜夫约 30km，其资源面积约为 2.5 万 km²，可装机容量为 250GW，可利用小时总数为 2059h，可开发的总容量 5148 亿 kWh。基地 4 距瓦尔格拉约 70km，资源面积约为 3.2 万 km²，可装机容量为 3.2 亿 kW，可利用小时总数为 1966h，可开发的总容量 6290 亿 kWh。基地 5 位于地中海沿岸的利比亚，属亚热带地中海气候，冬暖多雨，夏季干燥，距乔什约 150km，资源面积约 1 万 km²，可装机容量约为 1 亿 kW，可利用小时总数为 1966h，可开发的总容量 1966 亿 kWh。基地 6 位于北非西北部的摩洛哥南部，属热带沙漠气候，距扎格约 30km，资源面积约 1.1 万 km²，可装机容量为 1.1 亿 kW，可利用小时总数为 2059h，可开发的总容量 2265 亿 kWh。基地 7 位于非洲大陆北端的突尼斯，属热带大陆性沙漠气候，地形较为复杂，距雷马达等城市约 20km，该地资源面积约为 0.5 万 km²，可装机容量为 5000 万 kW，可利用小时总数为 2012h，可开发的总容量 1006 亿 kWh。

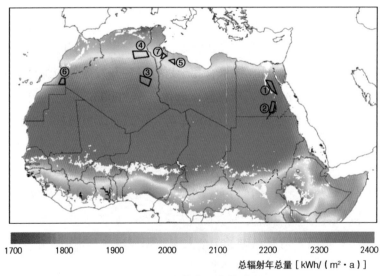

图 7-4　北非太阳能基地图

7.3.4 中长期电量预测

中长期电量预测的时间尺度变化范围较大，包含周、旬、月、季度和年等不同尺度的电量预测。不同尺度的电量预测用途不同、精度不同，对数值预报的依赖程度也不相同，在进行中长期电量预测时可依据需求进行数据和方法灵活组合。一般而言，预测时间尺度越长，资源的长期统计特点就越明显，图7-5为华北地区某风电场35年的风速年变化，黑色为多年平均值，可以看出尽管各年的年变化不相同，但整体遵循冬春季风速较大、夏秋季风速较小的规律，这与当地的气候特征有较强的相关性。因此在进行月度以上长期电量预测时，经常会通过卡尔曼滤波等方法，对气候特征进行统计分析，然后根据不同年份的年景、长期气候预测数据等进行预测。而对时间较短的周电量预测，则主要通过以数值预报数据和神经网络方法直接预测。

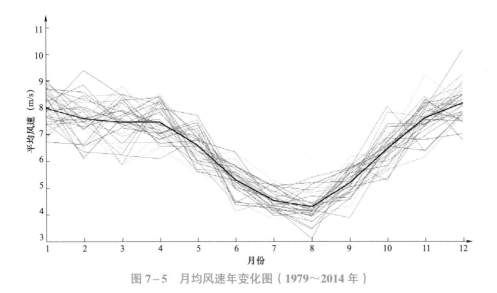

图7-5 月均风速年变化图（1979～2014年）

中长期电量预测由于预测的时间较长，因此预测的不确定性较大，可以通过定期滚动预测的方法提高预测精度，如图7-6所示为某风电场下一年度之前做的电量预测与滚动修正后的电量预测结果，修正后的结果有明显提升。

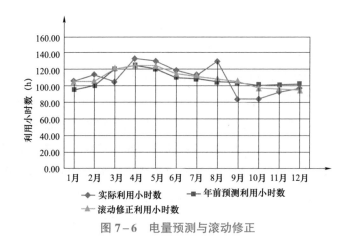

图 7-6 电量预测与滚动修正

参 考 文 献

［1］ 中国气象局. 中国风能资源评价报告［R］. 北京：气象出版社，2006.

［2］ 中国气象局. 中国风能资源评估报告［R］. 北京：气象出版社，2009.

［3］ 中国气象局. 全国风能资源详查和评价报告［R］. 北京：气象出版社，2014.

［4］ 陈德辉，薛纪善，沈学顺，等. 我国自主研制的全球/区域一体化数值天气预报系统 GRAPES 的应用与展望［J］. 中国工程科学，2012，14（9）：46－54.

［5］ 陈渭民，何永健，邱新法，罗庆洲. 卫星云图观测原理和分析预报［M］. 北京：气象出版社，2015.

［6］ 沈桐立，田永祥，葛孝贞. 数值天气预报［M］. 北京：气象出版社，2003.

［7］ 王澄海. 大气数值模式及模拟［M］. 北京：气象出版社，2011.

［8］ BAUER P，THORPE A J，BRUNET G，et al. The quiet revolution of numerical weather prediction［J］. Nature，2015，525（7567）：47－55.

［9］ KALNAY E. Atmospheric modeling, data assimilation and predictability［M］. Atmospheric modeling, data assimilation and predictability. England：Cambridge University Press，2003.

［10］ 吕美仲，侯志明，周毅. 动力气象学［M］. 北京：气象出版社，2004.

［11］ 约翰 D. 安德森. 计算流体力学基础及其应用［M］. 北京：机械工业出版社，2007.

［12］ 孙学金，王晓蕾，李浩，等. 大气探测学［M］. 北京：气象出版社，2009.

［13］ 冯双磊，刘纯，王伟胜，等. 地形复杂的风电场资源评估误差分析方法［J］. 可再生能源，2009，27（03）：98－101.

［14］ 冯双磊，王伟胜，刘纯，等. 风电场功率预测物理方法研究［J］. 中国电机工程学报，2010，30（02）：1－6.

［15］ SONG Z P，FEI H U，LIU Y J，et al. A Numerical Verification of Self-Similar Multiplicative Theory for Small-Scale Atmospheric Turbulent Convection［J］. Atmospheric and Oceanic Science Letters，2014，7（2）：98－102.

[16] 王姝，刘树华，陈建洲，等. 使用 WRF－Fitch 对湖区风电场风力发电机尾流效应特征的数值模拟［J］. 北京大学学报（自然科学版），2018，54（03）：605－615.

[17] 胡菊，靳双龙，宋宗朋，等. 基于云计算的全球可再生能源资源精细化评估方法［J］. 电力信息与通信技术，2016，14（03）：25－29.

[18] 王姝，胡菊，吕晨，等. 基于站点逼近气候四维资料同化的全国风资源高分辨率回算数据集［J/OL］. 电网技术：1－9［2019－11－11］. https://doi.org/10.13335/j.1000-3673.pst.2019.1308.

[19] 胡菊，王姝. 甘肃酒泉大型风电基地对区域气候的影响研究［J］. 全球能源互联网，2018，1（02）：120－128.

[20] 许小峰. 从物理模型到智能分析——降低天气预报不确定性的新探索［J］. 气象，2018，44（03）：341－350.

[21] 叶林，杨丹萍，赵永宁. 风电场风能资源评估的测量—关联—预测方法综述［J］. 电力系统自动化，2016，40（03）：140－151.

[22] TROCCOLI A. Management of weather and climate risk in the energy industry ［M］. Berlin：Springer Netherlands，2010.

[23] SHI J Q，SMITH J，DURUCAN S，et al. A coupled reservoir simulation-geomechanical modelling study of the CO_2，injection－induced ground surface uplift observed at Krechba，in Salah［J］. Energy Procedia，2013，37：3719－3726.

[24] 周小林，孙东松，钟志庆，等. 多普勒测风激光雷达研究进展［J］. 大气与环境光学学报，2007（03）：162－169.

[25] 胡明宝，李妙英. 风廓线雷达的发展与现状［J］. 气象科学，2010，30（5）：724－729.

[26] 国家气象局气候监测应用管理司. 气象仪器和观测方法指南［M］. 北京：气象出版社，1992.

[27] 翁笃鸣，孙治安. 中国可能太阳直接辐射的气候计算及其分布特征［J］. 大气科学学报，1987（1）：9－18.

[28] 吕宁，刘荣高，刘纪远. 1998—2002 年中国地表太阳辐射的时空变化分析［J］. 地球信息科学学报，2009，11（5）：623－630.

[29] 唐文君. 中国区域地表太阳辐射的估算及其时空变化特征分析［J］. 图书馆，2012.

［30］ 李小军，辛晓洲，彭志晴. 2003～2012 年中国地表太阳辐射时空变化及其影响因子［J］. 太阳能学报，2017，38（11）：3057－3066.

［31］ 陶苏林，戚易明，申双和，等. 中国 1981～2014 年太阳总辐射的时空变化［J］. 干旱区资源与环境，2016，30（11）：143－147.

［32］ 马金玉，罗勇，梁宏，等. 中国近半个世纪地面太阳总辐射时空变化特征［J］. 自然资源学报，2012，27（2）：268－280.

［33］ 施红蓉，陈洪滨，夏祥鳌，等. 基于地面短波辐射观测资料计算淡积云的辐射强迫及水平尺度方法研究［J］. 大气科学，2018，42（2）：292－300.

［34］ 陈德辉，薛纪善. 数值天气预报业务模式现状与展望［J］. 气象学报，2004，62（5）：623－633.

［35］ 陈葆德，王晓峰，李泓，等. 快速更新同化预报的关键技术综述［J］. 气象科技进展，2013，3（02）：29－35.

［36］ 杜钧. 集合预报的现状和前景［J］. 应用气象学报，2002，13（1）：16－28.

［37］ 张云济，张福青. 集合资料同化方法在强雷暴天气预报中的应用［J］. 气象科技进展，2018，8（3）：38－52.

［38］ 朱苹，王成刚，严家德. 北京城市复杂下垫面条件下三种边界层测风资料对比［J］. 干旱气象，2018，36（05）：82－89.

［39］ 申彦波. 近 20 年卫星遥感资料在我国太阳能资源评估中的应用综述［J］. 气象，2010，36（9）：111－115.

［40］ 杨靖文，尚朋真，张佳丽. 声雷达在低层大气风能资源评估中的应用［J］. 风能，2018，104（10）：71－75.

［41］ 胡丽琴，刘长盛. 云层与气溶胶对大气吸收太阳辐射的影响［J］. 高原气象，2001，20（3）：264－270.

［42］ 刘永前. 风力发电场［M］. 北京：机械工业出版社，2013.

［43］ 王福军. 计算流体动力学分析［M］. 北京：清华大学出版社，2004.

［44］ AJI A，WANG F，VO H，et al. Hadoop－GIS：A high performance spatial data warehousing system over MapReduce. ［J］. Proceedings VLDB Endowment，2013，6（11）：1009－1020.

［45］ 罗乐，刘轶，钱德沛. 内存计算技术研究综述［J］. 软件学报，2016，27（8）：

2147 - 2167.

[46] 杨开杰,刘秋菊,徐汀荣. 线程池的多线程并发控制技术研究 [J]. 计算机应用与软件,2010,27(1):168 - 170.

[47] 江滢,宋丽莉,辛渝. 我国风能资源的形成机理 [J]. 风能,2012(8):62 - 66.

[48] 周荣卫,何晓凤. 新疆哈密复杂地形风场的数值模拟及特征分析 [J]. 高原气象,2018,37(5):274 - 288.

[49] 郑茹. 太阳辐射观测仪及其标定技术研究 [D]. 长春理工大学,2015.

[50] 张俊,俞文政,申彦波. 太阳辐射变化对光伏电站最佳倾角的影响分析 [J]. 华南师范大学学报(自然科学版),2019,51(04):86 - 92.

[51] 韩斐,潘玉良,苏忠贤. 固定式太阳能光伏板最佳倾角设计方法研究 [J]. 工程设计学报,2009,16(05):348 - 353.

索　引